本书受湖北省人文社科思想政治教育专项"对网络成瘾大学生的干预：积极心理学视角下的行动研究"（15Z002），湖北省高校工作研究会思想政治教育专项"网络环境中利他惩罚行为的发生机制研究"（1617ZA01），武汉大学思政专项"圈子对大学生心理健康的影响"（2015SZ015）项目资助。

网络环境中的利他惩罚
—— 特点、影响因素和发生机制

高 倩 ◎ 著

中国出版集团
世界图书出版公司
广州·上海·西安·北京

图书在版编目（CIP）数据

网络环境中的利他惩罚：特点、影响因素和发生机制 / 高倩著.
—广州：世界图书出版广东有限公司，2015.11（2025.1重印）
ISBN 978-7-5192-0562-1

Ⅰ.①网… Ⅱ.①高… Ⅲ.①网络环境 – 利他行为 – 研究 Ⅳ.①TP393-05

中国版本图书馆 CIP 数据核字（2015）第 315831 号

网络环境中的利他惩罚
——特点、影响因素和发生机制

责任编辑	钟加萍
封面设计	高　燕
出版发行	世界图书出版广东有限公司
地　　址	广州市新港西路大江冲25号
印　　刷	悦读天下（山东）印务有限公司
规　　格	787mm × 1092mm　1/16
印　　张	12
字　　数	186 千字
版　　次	2015 年 11 月第 1 版　2025 年 1 月第 3 次印刷
ISBN	978-7-5192-0562-1/B・0130
定　　价	58.00 元

版权所有，翻印必究

《中国当代心理科学文库》编委会

（按姓氏笔画排序）

方晓义　　白学军　　张　卫
张文新　　张　明　　李　红
沈模卫　　连　榕　　周宗奎
周晓林　　周爱保　　苗丹民
胡竹菁　　郭本禹　　郭永玉
聂衍刚　　游旭群　　彭运石

摘　要

利他惩罚是指团体中的某成员在团体中为了维护团体的合作、公正和团体长期利益，宁可自己承担成本去惩罚团体中的不合作行为，即使这些代价并不能得到预期的补偿。界定利他惩罚需要具备三个主要特征：（1）这种惩罚会给破坏群体规范的行为主体造成利益损失；（2）需要惩罚者付出一定代价；（3）这种行为从根本上在于推进社会福祉，是一种利他行为。利他惩罚作为人类在长期进化过程中保留下来的亲社会行为，对不公平事件的发生有抑制和阻碍的作用。在群体中，利他惩罚行为会是群体规则和公平的监督机制，促进群体的公正和公平。

随着互联网应用的发展，许多现实中的人际互动被赋予新的意义。网络环境中的公正公平受到进一步关注，网络环境中的利他惩罚由于网络环境的特点，被赋予新的涵义。以往多从经济学角度出发，采用经典博弈范式对利他惩罚进行研究，并未考虑网络环境特点，也并未考虑个体和环境相互作用的因素。过于抽象的研究难以应用到网络购物或网络舆论控制等实际应用中去。因此，本书针对以上不足，对网络环境中的利他惩罚的性质、特点进行讨论，并通过实验确定网络环境中利他惩罚对情绪的关系，利他惩罚的影响因素和发生机制。本书共包括四个研究。

预研究：通过质化研究，从利他惩罚是一种特殊的利他行为、利他惩罚在利他行为中的分类、网络环境中利他惩罚与现实中的利他惩罚的区别和联系入手，探讨网络环境中利他惩罚的特点，选定网络提醒作为网络环境中的利他惩罚的代表行为。研究发现：（1）与现实环境比较，网络环境中的利他行为具有迷惑性、匿名性、快捷高效性、广泛性和易得性的特点；（2）与现实环境比较，网络环境中的利他惩罚，有安全性、结果有效性高、免责性、惩罚力度小、惩罚意愿强等特点，惩罚代价的无形性和惩罚指向的分散性；（3）在网络环境中，人们更倾向用积极的方式应对不公平事件，典型的利他惩罚行为是网络提醒。

研究一：通过计算机模拟情境，采用信任博弈实验的变式——第三方博弈实验，探讨在不同媒介下网络环境利他惩罚的特点。在三个实验中，探讨在以金钱和信用为媒介的利他惩罚中，利他惩罚对情绪的影响以及惩罚有无代价对惩罚力度的影响，强调利他惩罚中名誉管理的作用，试图寻找在网络环境中更能够促进利他惩罚的方式。研究发现：（1）在以金钱为媒介的利他惩罚中，无论有无代价，利他惩罚都显著释放了被试的负性情绪。而利他惩罚的代价的大小，和负性情绪的减少关联不显著。惩罚有无代价，对惩罚力度的影响是显著的。公平感在其中起调节作用。（2）在以信用为媒介的利他惩罚中，惩罚有无代价和利他惩罚的代价的大小也均显著影响被试的负性情绪。而惩罚有无代价，对惩罚力度的影响是不显著的。当惩罚的力度为信用惩罚这一长期惩罚之后，利他惩罚的代价并不能成为左右惩罚力度的因素的时候，利他惩罚才能促进群体的公平，才能够发挥长效作用。

研究二：从个性特点和环境两方面出发，讨论利他惩罚影响因素。实验4选用人格中对利他行为有显著影响的变量——特质移情，研究特质移情对利他惩罚的影响，并探讨社会价值取向的调节作用。实验5对实验3的范式进行进一步完善，研究旁观者人数对利他惩罚的影响。结果发现：（1）特质移情与利他惩罚行为之间呈正显著；社会价值取向与利他惩罚之间呈正显著；特质移情可以显著预测利他惩罚行为，而社会价值取向从中起调节作用；高社会价值取向的人更倾向在不公平环境中采取更严厉的利他惩罚行为，以促进整个社会的公平和公正。（2）当信用作为不当获益者的损失时，出现典型的旁观者效应，无论是多个旁观者还是一个旁观者，人们对金钱惩罚和信用惩罚并未表现出明显偏好。在多人评判过程当中，人们更倾向于对不当获益者进行名誉管理，在实际操作中，尽管是多人评判，也要强调每个人在评判中的重要作用，避免中庸效应。

研究三：借助生物反馈仪和被试自我报告，探讨网络环境中利他惩罚的发生机制。实验选用更贴近网络环境中利他惩罚的指标——网络提醒，研究在不同网络提醒条件下,利他惩罚的亲社会动机及社会价值取向的调节作用,并反向验证了不同条件下的利他惩罚对公平的促进作用。结果显示:(1)在生物反馈仪的四大生理指标当中,平均心率是最能够反馈瞬时情绪变化的指标,这也是最能够体现网络提醒效果的指标;(2)在网络提醒中,均含有对潜在受害者的保护和对信托人的警告与惩罚,即网络提醒为有效的利他惩罚,相较于惩罚信托人,被试更倾向于保护、帮助投资者;(3)当不公平行为发生后,被试会产生负性情绪,负性情绪和被试的亲社会倾向会促使被试采取一定措施来降低自己的负性情绪水平,目击了不公平事件的负性情绪,会有效地促进被试的亲社会的信息分享行为,被试的社会价值取向起调节作用;(4)舆论控制会显著影响网络环境的公平,在有网络提醒的情况下,被试更倾向于进行公平的网络互动,更能够尊重游戏规则,哪怕是在仅仅有观察者的情况下,被试的行为也会受到约束;(5)在利他惩罚对公平的影响中,社会价值取向的调节作用显著,特质移情的调节作用并不明显。

本研究为进一步了解网络购物中的信用评价和网络舆论导向提供了理论基础,同时,也有助于了解网络环境中利他惩罚的特点,引导积极自发的利他惩罚行为,促进网络环境的公平。

Abstract

People often punish other individuals who behave negatively or uncooperatively to promote cooperation even when it comes at personal cost, and when there is no expectation of receiving any material returns. We define this behavior as altruistic punishment. It has three principal characters: first, this kind of punishment will punish the people destroy the group norm; second, the punisher must pay something to do these things, whatever physical or psychic; third, this behavior is kind of strong power to push social benefit, and it is a special altruistic behavior. As a prosocial behavior, altruistic punishment could inhibit the acts of unfair. As a supervision mechanism on social norm and justice, it can ensure honest and the fair.

with the development of the internet, several interpersonal interaction have new meaning. People pay more attention to the justice in network environment. The altruistic punishment in network environment has increased new meanings. However, the relationship between altruistic punishment and network environment is still at issue. We still do not know the connection between the individual emotion and the environment on this issue. In light of this, this thesis is aimed at revealing the relationship between the real-life altruistic punishment and network-environmental altruistic punishment, finding out the influence factor and the mechanism. This thesis is composed of the following four studies.

The pre-study: With the adoption of consensual qualitative research (CQR), altruistic punishment will be defined as a special altruistic behavior. Compare with actual environment, network environment is more fascinating, anonymous, efficient, far-ranging and easy to get. The altruistic punishment in network environment is more safe, more effectual, more exonerative, which has more willing to punish, but get less degree to do, the pay is invisible and invisible. The typical altruistic punishment is network gossip.

Study 1 contained three sub-studies to explore the relationship between altruistic punishment and emotion. Using the variant of trust game experiment, the investigator add the third-party punishment, experiment 1-3 explored the effort of money and credit as altruistic punishment in network environment on individual emotion and the level of punishment. The results indicated that: (1) if the altruistic punishment is the money, it can significantly release the negative emotion; the relationship between decrease of emotion and the level of altruistic punishment is not highly connected. The price of the punishment play an important role on the level, sense of fairness had significant moderating effect. (2) if the altruistic punishment is the credit, it can significantly release the negative emotion; the relationship between decrease of emotion and the level of altruistic punishment is highly connected. The price of the punishment play an important role on the level. When Credit punishment is the long-term punishment, the cost cannot influence the level of punishment, altruistic punishment can devote the fairness of the environment.

Study 2 investigated the impact of personality and the environmental factors on altruistic punishment. Experiment 4 explored the interactive effects of the trait empathy and the social value orientation on altruistic punishment. Experiment 5 examined the bystander effect in the network environment. The results indicated that: (1) Altruistic punishment are positively related to the trait empathy and the social value orientation, the social value orientation l buffers the relations between altruistic punishment and the trait empathy, which indicates that when people has higher social value orientation, he will do more punishment when he saw the unfair behavior. (2) When the altruistic punishment is credit punishment, there is typical bystander effect. Whatever one or more other people, the individual shows no bias on money or credit punishment. When there are more other people, the individual more like using credit punishment.

Study 3: Using biofeedback instrument, the experiments tried to seek out the mechanism of altruistic punishment in network environment. The researcher chose the typical altruistic punishment- network gossip, and tried to explore in different conditions, the prosocial motivation of altruistic punishment and moderator effect of social value orientation. Experiment 7 tried to identify the influence of altruistic punishment on social justice. The results indicated that: (1) Heart beat is the significant target to feedback the emotional information. (2) There are many informations in the network gossip, which all included the tendency to help the next people and to punish the bad trustee, which means network gossip is one type of altruistic punishment. (3) When people saw unfair behavior, they would evoke some negative emotion. The negative emotion and the prosocial motivation would push individual to do something like altruistic punish behavior. (4) In high network gossip condition, individual is more likely to follow the social norm, even there is only a investigator. (5) network gossip plays an important role on social norm, social value orientation has the moderator effect.

Based on these results, the following conclusions can be drown. The study explores the content, nature, expand and enrich the connotation of altruistic punishment in network environment. It reveals the theoretical principle of credit management on shopping at network and the network supervision by public opinion. And it can find a way to evoke altruistic punish behavior, to maintain the network social norm.

目 录

1 引言 ·· 1
2 文献综述 ·· 3
   2.1 利他行为 ·· 3
   2.2 利他行为中的旁观者效应 ·· 8
   2.3 网络利他行为 ··· 13
   2.4 利他惩罚 ·· 20
   2.5 利他和利他惩罚的认知神经机制 ······························ 25
3 总体设计 ·· 28
   3.1 研究的主要内容和框架 ·· 28
   3.2 研究意义和创新性 ··· 32
   3.3 研究设计与基本假设 ·· 33
4 预研究:调查网络环境下的利他惩罚与现实环境下的利他惩罚的比较 ······ 36
   4.1 目的与假设 ·· 36
   4.2 研究方法 ·· 36
   4.3 结果与分析 ·· 38
   4.4 讨论 ·· 44
   4.5 小结 ·· 47
5 研究一:网络环境中利他惩罚的存在性 ································ 48
   5.1 以金钱为媒介的网络利他惩罚 ·································· 50

  5.2 以信用为媒介的网络利他惩罚 …………………………… 57
  5.3 网络环境中,是选择金钱,还是选择信用 …………………… 64

6 **研究二:网络环境下利他惩罚的影响因素** ………………………… 72
  6.1 特质移情对利他惩罚的影响:社会价值取向的调节作用 … 72
  6.2 社会环境线索下利他惩罚的影响因素 ……………………… 79
  6.3 讨论 …………………………………………………………… 89

7 **研究三:在网络环境中利他惩罚的发生机制研究** ………………… 91
  7.1 生物反馈仪实验:利他惩罚的亲社会动机 ………………… 93
  7.2 社会价值取向的调节作用 …………………………………… 103
  7.3 网络利他惩罚对公平的促进作用 …………………………… 110

8 **讨论** …………………………………………………………………… 118
  8.1 网络环境中的利他惩罚的内容和特点 ……………………… 119
  8.2 网络环境中利他惩罚的表现形式——是金钱还是信用更起作用 120
  8.3 影响网络环境中利他惩罚的因素 …………………………… 124
  8.4 网络环境中利他惩罚的发生机制——亲社会的促进作用 … 127
  8.5 网络环境中公平的维持——网络提醒的作用 ……………… 129
  8.6 本研究的创新与不足之处 …………………………………… 130

9 **研究结论** ……………………………………………………………… 133

参考文献 ………………………………………………………………… 136

附 录 …………………………………………………………………… 142
  附录一 实验1截图 ……………………………………………… 142
  附录二 实验2截图 ……………………………………………… 149
  附录三 实验3截图 ……………………………………………… 155
  附录四 实验5程序截图 ………………………………………… 161
  附录五 实验6截图 ……………………………………………… 165
  附录六 被试问卷 ………………………………………………… 169

后 记 …………………………………………………………………… 176

1 引 言

"道德水准较高，多数人奉行道德规范的部落，绝对比其他部落更为有利。无疑的，一个部落若有许多热爱群体、忠于群体、服从群体，既勇敢又体恤他人，随时准备支援并为共同的利益自我牺牲的人，必能战胜其他大部分部落。这便是天择。"（Darwin，1871）许多进化心理学家相信，如果利他惩罚不存在，合作也不会产生。

研究者认为利他惩罚从长远来看，可以促进群体的公平和公正。利他惩罚是人类的一种合作本能。利他惩罚与公平的关系是什么，哪种形式的利他惩罚最能够产生作用，这是本研究要解决的第一个问题。

在现实生活中，大到小悦悦事件，小到过马路闯红灯，当需要你出手相助，需要你出言相劝的时候，你愿意在第一时间挺身而出么？你是否心中一动，想伸手帮忙，或是三思之后，还是想想算了？利他行为的旁观者效应显示，在助人情景中，旁观者的存在有时会减少助人行为。旁观者的数量、施助者的时间压力，施助者对助人情景的认知，施助者与旁观者的关系，是否互动等都是影响助人行为的因素。利他是人们的一种本能么？是由于利他者的人格因素，还是会受到其他行为的影响？

随着互联网技术的发展，人们的大量活动由线下转移到线上。助人活动在网络上同样需要。在百度文库当中，我们可以搜索一些我们在自己学校数据库中看不到的文献；也可以在百度知道上提问题，他人也愿意把自己独特的经验告诉你；同样，在一些重大论坛中，很多网友将一些重要的资料上传到网络上供人们下载；在微博中，你可以看到很多第一手的消息；当微公益在网上开展时，我们也愿意动动手指，让消息散播得更加广泛，或者慷慨解囊,将自己为数不多的钱捐给我们认为公平的基金会。这些,似乎都是利他行为在网络上的一种体现。

网络由于有无限性、延展性、匿名性等特点,为助人提供了一系列的便利条件。在网络中的助人与在现实中的助人有何区别呢?传统的旁观者效应在网络利他中还是否存在?如果存在,网络中的旁观者是增加了助人的机率,还是减少了助人的机率?这些都是本研究关注的问题。

在网络资源的共享中,有很多团体都有约定俗成的规定,资料上传者会限定只有在论坛的级别到达一定程度之后,才可以进行更有价值的资料的下载或编辑;对网络规则进行破坏的人,会采取封杀 ID 或者禁止发言的惩罚措施。在近期的科学网专题中,关于某高校千人计划引进人才的学者陆某,他的学历、工作经历、科研经历,完全是从三个不同的人(但是与他同名同姓)的简历中截取的,在公示期间,小木虫网站和打假斗士方舟子都在网页和博客上对此人进行了严厉的揭露。

在自发组成的虚拟或者实体社会网络中,这种对发起者并无任何好处,发起者需要付出一定代价或成本,但是对群体中的其他受众,对群体规则有帮助的行为,被称为利他惩罚。在一个正常运转的社会网络中,利他惩罚者应该由谁担当?利他惩罚者具有什么样的特征?他们的存在对群体的其他人的影响是什么?在这个社会群体中,当利他惩罚者展开行动时,会有传统意义上的旁观者效应存在么?利他惩罚对群体合作的意义和贡献如何实现?这些都是本研究要探讨和解决的问题。

2 文献综述

2.1 利他行为

2.1.1 利他行为的定义

利他行为是作为利己行为、个人主义的对立理论而出现的,生物学、经济学、心理学的各大学者都对利他行为进行过深入研究。西方对利他主义的研究始于20世纪60年代中期,70年代中期达到高潮。20世纪80年代以来,有学者(Latane & Darley, 1968)采用元分析的方法总结利他行为中的旁观者效应,对影响利他行为的因素进行综合探讨,并采用新的研究范式对利他行为展开研究。

法国社会学家孔德(A. Comte)最早提出"利他行为(altruistic behavior)"的概念,用来说明一个人对他人的无私行为(彭茹静,2003)。

各个学派的学者从两种不同的取向对利他行为进行了研究。

社会学派和生物学派强调利他行为的结果,即有利于他人而对行为者本身无利的行为。比如,社会学家Trivers(1971)将利他行为定义为"对履行这种行为的有机体明显不利,而对另一个与自己没什么关联的有机体却有利的行为";生物学家Wilson(1975)把利他行为界定为"对他人有利而自损的行为"。

心理学界更多从利他动机方面对行为进行定义,认为利他行为是自愿的且不期望日后报答的助人行为（Batson，1953；Berkowitz，1972）。他们认为，只有真正有利他动机的行为，才可以称为利他行为，如果想从自己的助人行为中得到什么收获或是对他人的一种回报，那就不是利他行为。

现代主流经济学长期把自利人作为人类行为的基本前提，即"利他主义者想要的最大化不仅仅是他们自己的个人福利，还有他们所关心的某些其他人的福利"（杨春学，2001）。桑塔费学派的最新研究表明，在人类进化的早期阶段，利他行为作为社会规范内部化的产物，在维持个人之间的合作劳动、有效提高族群生存竞争力方面，具有无可替代的作用。他们指出，人类相当一部分带有利他倾向的行为，是一种"强互惠"行为（strong reciprocity），这种行为的特征是：在团队中与他人合作，并且不惜花费个人成本去惩罚那些破坏合作规范的人（哪怕这些合作规范不是针对自己），甚至在预期这些成本得不到补偿的情况下，也要这么做（叶航、汪丁丁等，2005）。利他行为和利己行为都是一种"进化稳定策略（ESS）"，它能够通过整体间的补偿机制获得相对的进化优势。

利他行为与亲社会行为（prosocial behavior）既有相同又有不同。柯莱波斯（Krebs D，1995）等人则将亲社会行为描绘成一个行为的连续体，一端是自我利益的行为取向，另一端是他人利益的行为取向。理想的亲社会行为应该是一种最大限度地对他人有利的行为，即利他行为。从以上可以看出，对亲社会行为和利他行为定义的辨别中，对行为的动机如何界定是主要因素。利他行为不同于一般的亲社会行为。利他行为是一种最高层次的亲社会行为。利他行为的动机完全是自愿的，帮助他人就是为了使他人获益，而不是为了自己能获得一些奖赏或酬劳，即利他行为不带有任何个人目的，完全出于有益于他人的原因。而亲社会行为的概念更加宽泛，它包括任何类型的助人行为，而不会考虑助人者的动机。从完全被自己利益驱动的助人行为到最无私的利他行为，都属于亲社会行为（郑显亮，2010）。

利他行为有以下特征（Bar-Tal D，1986）：①有利于他人；②行为是自愿的；③有意识的且目的明确的行为；④所获利益是行为本身；⑤主观不想有任何精神或物质的奖赏。利他行为不需要任何外部的奖赏，但来自利他行为者内部的自我奖赏是可以的，比如做出利他行为后会产生愉快、满足的心理体验。

2.1.2 利他行为的生物学、心理学、经济学解释

目前,对利他主义发展的主要理论解释有以下几种。

(1) 亲缘理论和互惠理论

亲缘理论和互惠理论主要是生物学界对利他行为的解释和描述。Wilson (1975) 认为,利他行为的表现是基因安排的,目的是为了最大限度地复制和保全自身的基因。根据 Hamilton (1963) 的亲属选择论,一个生物个体可能做出有利于另一个生物个体的行为,有时候甚至可以牺牲自己。个体与亲代、子代或同胞个体至少有50%相同的基因。根据这个原则,个体如果能够以自己的牺牲拯救两个以上(不少于两个)同胞兄弟的生命,自己的基因仍然得到了保存(高宪芹,2010)。

(2) 移情理论

移情理论多用来解释儿童的利他行为的产生和发展。移情的概念是由德国哲学家、心理学家 Lipps 提出的。他认为在认知领域里存在着物、自我和他者的自我三部分。物是凭感性的知觉来理解的,自我要通过内部的知觉才能理解,而理解他者的自我则必须通过移情。一般认为,移情是一个人在观察到另一个人处于一种情绪状态时,产生与观察者相同的情绪体验,也就是一个人设身处地为他人着想,识别并体验他人情绪和情感的心理过程(王雁飞,2003)。Batson(1995)认为,移情在儿童利他主义行为培养中具有动机功能和信息功能,移情可以让人更容易地认识到另一个人的需求来平息自己的情绪,移情不仅能够促进利他、分享等亲社会行为,还能够有效地降低侵犯行为。也有研究者关注移情对利他主义行为影响的作用机制研究。Fabes 等人通过建构"移情—同情—利他主义行为"这一模型,认为有效的移情是对他人产生同情心的基础。

许多心理学家认为,利他主义的形成以某种程度的认知能力的发展和他人情绪的共鸣反应发展为前提。移情是利他主义的重要的促进因素。

(3) 社会交换理论

美国心理学家 Homans 用社会交换理论来解释利他主义行为。该理论认为,人与人之间的交往遵循社会经济原则。社会交换理论认为:即使是完全

着眼于他人福祉的利他行为，对于利他者而言表面上只有付出没有收益，但实际上它的收益是内在的奖赏，是利他者实施利他行为后对自己的肯定和满意，它给利他者带来了快乐。

（4）动机论

斯托布首先提出动机理论来解释利他行为的产生。他认为，人们在社会化过程中逐渐发展起来的价值观，特别是利他行为的价值观，是人们做出利他行为的主要动机。卡利罗斯基则认为利他行为有两种动机源，一种是指向个体的内心世界，用以个体积极的自我形象的维护和提升，称为内倾的利他；另一种指向外部世界，用以改善处于困境中的人的条件，称为外倾的利他（章滢，2005）。

总而言之，诱发利他行为的动机可以分为：①无私的利他主义的动机，其目的在于帮助他人，不图回报；②内化的道德观念的动机，其目的在于坚持道德规范；③移情，移情作为利他行为的动机源，是指能够知觉、体验分享他人的情感，并能引起利他行为的能力。

（5）强互惠理论

强互惠的特征是与他人合作并不惜花费个人成本去惩罚那些违反合作规范的人（即使背叛不针对自己），甚至在预期这些成本得不到补偿时也这么做（叶航，2005）。正如金迪斯和鲍尔斯指出的，这类行为很难用亲缘利他和互惠利他来解释，因此带有纯粹利他的性质（Boyd, Gintis et al., 2003）。瑞士苏黎世大学的恩斯特·费尔（Ernst Fehr）等人则通过正电子发射X线断层扫描技术，观察了强互惠行为的神经基础。研究者指出，在没有外部补偿的条件下，合作剩余促使合作得以维持的社会规范内部化，即人类在长期进化过程中形成了一种能够启动纯粹利他行为的自激励机制，这种机制是由位于人类中脑系统的尾核来执行的，它使行动主体从利他行为本身获得某种满足，从而无需依赖外界的物质报偿和激励（Fehr & Fischbacher, 2004）。

2.1.3 影响利他行为的因素

影响利他行为的主客观因素比较多，主要归纳为以下四点：

（1）利他者自身因素，包括年龄、性别、宗教信仰、认知因素、情绪因素等。

（2）利他行为的情景因素，包括旁观者效应（观众作用、示范作用和责任分散作用）、榜样作用、时间压力等。

（3）受助者特征，包括受助者的性别、年龄和相似性等。

（4）社会文化特征，利他行为作为一种社会行为，也必定受制于一定的文化背景的行为规范和价值规则。

其中，在影响因素方面，研究最多的是利他行为中的旁观者效应，这一部分会在下文详细阐述。

2.1.4 利他行为的最新研究进展——利他惩罚

主流经济学的长期研究中，人们的行为的本质被定义为"利己"的。科学家用亲缘理论和互惠理论来解释群体与个体之间的利他行为，生物学派的亲缘理论认为，人们会优先帮助自己的家人或者族人，以保证自己的血脉的传承；而互惠理论则解释利他是基于社会交换。人们在帮助他人的同时，是希望他日可以得到这些人的帮助或者回报。生物学家从自然选择的角度出发，认为无论亲缘利他还是互惠利他，都从基因的层面体现了利己性——有助于个体适应性的生物性状才会在遗传中得到保存和进化。传统的经济学派认为这些行为的最终目标其实是"利己"的。但是这种理论并不能解释所有的人类行为。人类在自然界中具有其他物种所不能比拟的合作特质（Fehr & Rockenbach, 2004; Wischniewski, Windmann et al., 2009）。绝对利他不是一个进化稳定策略。

而 Bowles 和 Gintis（2004）认为，人类行为具有的这种利他特征，正是我们这个物种在漫长进化过程中形成的一种特定行为模式。当严酷的生存竞争迫使人类把合作规模扩展到血亲关系以外，而普遍存在的单次囚徒困境又无法为互惠行为提供条件时，由基因突变产生的强互惠或利他惩罚，可以侵入完全自私的人类群体；从而有效维护群内的合作规范，显著提高群内的生存竞争能力。接着，他们通过计算机仿真技术（Boyd, Gintis et al., 2003），揭示了当不能维持利他性合作时，群间选择可以产生利他惩罚演化的可能，即在没有惩罚的条件下，群内适应会造成利他性合作的频次降低，而在加上惩罚条件后，能够在更大规模的群体中维持相当数量的合作行为。这体现了在自然选择和文化选择共同作用下的现代人类，既具有动物的自私性（经济理性），又具有社会性情感（即经济学所谓的非理性），正是这些社会性情感，例如同情、内疚等，在相当大的程度上决定了人类的利他行为。换句话说，我们不能把人类行为简单看作追求物质效用最大化的工具。

随着实验经济学的发展，学者发现，人类有相当一部分带有利他倾向的行为，而这些行为是无法用亲缘理论和互惠理论来解释的（Dawking，2006；Seymour，Singer et al.，2007；Rilling & Sanfey，2011）。Fehr 于 2002 年在 *Nature* 上发表一篇文章，用实验法来阐述利他惩罚是促进人类合作产生和保持的重要因素。利他惩罚早就存在，只是一直淹没在生物学对利他结果的解释和心理学对利他动机的探讨当中，近期才作为单独的研究变量被分离出来。

利他惩罚作为一种捍卫公平、争议的亲社会行为，在人类社会生活中并不鲜见。利他惩罚是指团体中的某成员在团体中为了维护团体的合作、公正和团体长期利益，宁可自己承担成本去惩罚团体中的不合作行为，即使这些代价并不能得到预期的补偿（Fehr & Gachter，2002）。

2.2 利他行为中的旁观者效应

2.2.1 旁观者效应的定义

旁观者效应（bystander effect），由于他人在场而对他们救助他人（利他）的行为所产生的抑制作用称为"旁观者效应"。

早期研究一致表明了消极的旁观者效应的存在会减少个体对犯罪情境中的受害者提供帮助的意向（Darley & Latane，1968）。为了检验这一效应，拉坦和达利（1970）提出了一个五步骤心理学进程模型，他们假设如果干涉发生，旁观者需要：①知觉这是一个犯罪场景；②分析这一情境为紧急情况；③发展个人的责任；④相信他有这个能力可以成功；⑤做一个有意识的决定来提供帮助。

拉坦和达利认为三个不同的心理学加工方式有可能会干扰这个助人行为的进程。第一个是责任分散，即主观地将个人的帮助他人的责任分散到旁观者身上。旁观者越多，个体感觉到的个人责任越少。同样的，个体旁观者也仅仅能感受到对受害者不实施干预的一部分责任。第二个是评价恐惧，即被他人评判的恐惧。个体在被观察时，会感觉犯了错误或表现得很不恰当，这会让他们更加不情愿去干预一个犯罪场景。第三个是多元化的忽略（pluralistic ignorance），这是由依靠他人的明显的反应而带来的倾向，尤其是当场景含意模糊不清时。旁观者效应最明显的例子是没有一个人干预，因为每个人都没有意识到这是一个紧急事件。

旁观者效应的描述还是模糊不清的，因为涉及心理进程。拉坦和妮达区别了责任分散、社会影响和观众抑制，这些在拉坦和达利的实验中很接近，但是并不是完全一样的。这些含义的模糊不清可能就是在旁观者实验中进程模糊不清的原因。最终，对旁观者效应还有进化心理学或者博弈理论的解释，如互惠利他（reciprocal altruism）（Trivers，1971；Axelrod & Hamilton，1981）、竞争利他（competitive altruism）（Hardy & Van Vugt，2006）、内含适应性（inclusive fitness）（Hamilton，1964a，1964b）和两难困境（the volunteer's dilemma）（Krueger & Massey，2009）。

2.2.2 旁观者效应研究范式

经典的旁观者效应的研究程序如下：被试独自或者在一个或几个（消极）旁观者在场的境况下，被要求做一个很重要的工作（如填写问卷，等待实验者出现）。他们会突然目击一项舞台化真实的紧急事件（如实验室的门突然被破坏了，犯罪者在侵犯其他人，小偷正在偷东西），他们对紧急情况的反应将被记录下来，尤其是他们干预这件事情的可能性以及干预付出的时间。在多人情境下的反应将会同单人情境下的结果进行对比。应用这个经典的范式，旁观者效应在很多领域中都存在。例如，在紧急情境中，旁观者的存在减少了助人程度，如伤害（Latane' & Darley，1968），哮喘攻击（Harris & Robinson，1973），或者生病（Darley & Latane'，1968）情境。然而，旁观者效应同时会发生在一些较少犯罪情境当中，如搁浅的汽车（Hurley & Allen，

1974），或其他机械故障（misavage and richardson）。旁观者效应甚至会在更小的需要帮助的情境中出现，如铅笔掉到地上（Latane' & Dabbs, 1975）或者有敲门声需要应答（Levy et al., 1972）。

2.2.3 旁观者效应的影响因素

1981年以来，社会心理学家从理论和实证方面来考察旁观者效应的影响因素。研究显示，旁观者效应无论在实验室情境还是在现场情境中都是一种普遍存在的强劲的社会现象。

研究者发现，影响旁观者效应的因素有：①事件发生地点的性质（城市还是农村），研究者用城市超负荷假设来解释人口密度越高，人们的助人意识越差（Lveine, Martneiz, Basre, & Sorebson, 1994）；②事件发生在实验室环境还是现场；③事件是否模糊不清；④旁观者或被试的特点（能力，性别）；⑤受害人的特质（性别）；⑥其他旁观者的特质（熟人还是陌生人）；⑦旁观者之间能否自由交谈。研究者全面界定了四种不同的旁观者效应：①所有旁观者都处于危险之中；②只有受害者处于危险之中；③反派角色扮演；④没有紧急事件。研究者对紧急事件、危险角色扮演（干预者处于高危险之中）和非紧急事件（干预者处于低危险之中）的区别是元分析的主要关注点，因为我们假定在今后的一些研究中旁观者效应系统分为两大类，他们的考虑是当他们实施帮助时自身是否有危险。然而这个问题目前无法回答，因为研究者并未区分在高危险和低危险之中的帮助。另外，我们验证了在紧急危险事件中旁观者效应的出现与否取决于各种各样的调节变量。

2.2.4 紧急情境下的助人——旁观者效应的反效应

在紧急情境下，有可能并不会出现经典旁观者效应，反而会出现旁观者促进作用。有研究者在对紧急情境下的旁观者效应的元分析中，分析如下几个问题：①紧急情境中，旁观者效应是否会减少或者逆转；②是否有特别的情境，在那里旁观者可以增加帮助，因为他们在紧急情境中提供了物理的支持；③在旁观者效应中，是否有重要的调节变量起到旁观者促进的推动作用。

在近期研究中，在紧急情境下或者当旁观者有强大能力的时候，往往没有出现旁观者效应。经典的旁观者效应将旁观者认定为"消极因素"，这就会减少亲社会干预的可能性。而近期研究表明并不是所有的旁观者都扮演了消极的角色。研究者假设，旁观者也可以作为在助人的进程中焦点人物决定是否助人的积极的物理支持（尤其是当他们表现出很有能力的一面的时候）。现在的元分析允许我们来检验这个假设对旁观者效应的抑制作用。研究者试图解释为什么我们期待危险情境会和减少旁观者效应联系起来（Greitemeyer, Fischer et al. 2006; DT Greitemeyer, S Osswald et al. 2007）。

Fischer 等人在 2006 年做了研究，发现在危险情境下并不会出现旁观者效应。研究者运用实验情境，被试是独自一人，或者是在公司的环境当中，周围都是一些消极的旁观者。他们观看专业表演者的一段对话（内容是一个男人企图对一个女人进行性侵犯），关于高风险和低风险的调节变量是这个犯罪者的物理特征和外貌。在低犯罪情境当中，罪犯是一个体格弱小的男性，而在高犯罪情境中，罪犯个子高大并且长相凶猛。Fischer 等人发现，在低犯罪情境中，有很强烈的旁观者效应（50%的被试选择在独自一人的时候提供帮助，而在有旁观者的情况下，只有 5.9%的人选择提供帮助）但是在高犯罪情境中，就没有旁观者效应的出现（分别有 44%和 40%的人选择提供帮助）。

最后，社会控制的研究也检验到类似的积极的旁观者效应。Chekroun 和 Brauer（2002）在研究中发现，随着旁观者的数量的增多，被试对违反社会规范的行为的报告会增加。总之，一些研究表明，旁观者在某些情境中可以起到促进助人的作用，尤其是当被试处于危险情境时，他们需要物理支持或者社会支持的时候。研究者认为，有可能是几个潜在的进程可以解释这种积极的旁观者效应。

第一，被试的情绪唤醒和不进行干预的代价。为什么危险的情境会减弱甚至逆转经典的旁观者效应呢？研究者认为危险情境更容易辨认，具有更少的模糊性，这就增加了不帮助受害人的成本（Fischer, Greitemeyer et al., 2006）。因为，在助人现场的人会感受到更强烈的情绪的唤醒，这增加了旁观者助人的几率而无论其他的旁观者是否在场。这个结果与投资—回报模型（cost-reward model）是一致的（Schroeder, Penner et al., 1995; Dovidio, Piliavin et al.,

2006）。这个模型假设，很容易辨认的紧急情境会增加经验和情绪的唤醒（与共情相似，表示受害人的悲痛程度的函数），对受害人提供帮助可以减少这种唤醒。这个模型可以解释为什么在紧急情境下，旁观者效应反而会比较小。研究者同样认为，当这个焦点旁观者（即试验中的被试）同时体会到受害人所处的危险情境，以及这个情境对他本人施助也同样危险的时候（即受害人和所有旁观者都处于危险之中）时，旁观者的情绪被唤醒的程度最强烈。这种对他本人的危险的体验是一个很明显的需要紧急物理援助的信号，这也是对处于危险情境的求助人的身份的认同和对自己是否帮助他人的归隐判断的标准。因此，当旁观者们体会到有可能会对自己造成的逐渐增加的危险的时候，旁观者效应就会减少。2011年的一篇元分析当中也证明了这一点。

第二，旁观者作为抵制害怕的一种物理支持的资源。如果个体在紧急情况下进行求助，那么他必然会害怕负面的结果。违反规则的人不仅会伤害受害人，也会伤害施助者（即干预者）。这个原因与 Horowitz（1971）的研究结果是相关联的。Horowitz 发现，当施助者发现三个旁观者是某一个强大的支持服务团体的时候，与未知的社会团体比较，旁观者效应减少了。在支持团体条件下，被试更愿意帮助他人（65%），而在独自一人的条件下，被试帮助他人的概率为 55%。与之对比的是，在未知团体的条件下，有旁观者效应的激活（20%）。近期的研究也表明，高能力的旁观者会减少旁观者效应（Pantin & Carver, 1982; Cramer, McMaster et al., 1988; Van den Bos, Mü"ller et al., 2009）。这些结果提供了证据证明旁观者可以作为物理支持的资源，因此可以在危险环境中促进助人的决策。

总之，研究者预期，在高风险的紧急情境中，焦点人物对助人过程中自身安危的担心和害怕会有所提高。然而，如果有其他旁观者存在，他们将会被识别为物理支持，这与传统的旁观者效应不同。研究者并不期待在危险情境中旁观者效应完全消失不见。反而，预期它实质上的减少是由于很多危险紧急情境只能由团队来解决。换句话来说，只有当旁观者意识到这个危险有可能在自己身上发生，或者帮助他人有可能增加自身危险的时候，他们才会寻找其他旁观者的支持（如对一个凶狠的罪犯的威慑作用），这会减少责任的分散从而减少旁观者效应（因为所有的旁观者意识到只有在群体中的合作才能解决问题）。与之对比的是，如果增加的困难只是针对受害人而不是旁观者（如有人落水了），其他旁观者并没有更多地被要求提供支持的话，这时责任分散更有可能发生，并会增加旁观者效应。

第三，理性选择和信息的接近。作为可以二选一的唤醒假设，理性假设也可以解释危险情境对旁观者效应的减少作用。从这个角度看，一个旁观者是否决定助人取决于助人的代价、对受害人的好处和其他旁观者提供帮助的可能性（Penner, Dovidio et al., 2005; Krueger & Massey, 2009）。所以，通常状况下，高成本的助人往往会引发旁观者效应。但是，有的紧急情境非常危险以至于不能单纯靠一个人来解决，在这种情况下，只有多数人的合作才会提供安全有效的帮助。换句话说，只有多数旁观者共同协商合作才能解决紧急情境中的助人问题。另外，危险的紧急情境会激发一种简单的期望，就是其他的旁观者肯定也会帮助（因为情境很危险）。这也会促进个体助人的可能性。最后，从信息透视的观点看，另外的旁观者可能提供一个准确的定义，那就是情境是潜在着危险的，这也会减少旁观者效应的产生。

总之，近期研究者认为，高危险的紧急情境会减少旁观者效应。与传统的旁观者效应相比，这个发现令人惊讶，有三种观点对其进行了解释：①在高危险的情境中，个体的情绪唤醒的水平显著增加；②个体关于其他旁观者可以提供物理支持的预期会减少被试的情绪唤醒；③个体的理性期待，即危险情境中的问题只有通过众多旁观者的合作和协商才能解决。

2.3 网络利他行为

2.3.1 网络环境中人际互动的特点

网络时代引起了整个社会生产与生活方式的变化。无论是人际交往关系，还是时间上、空间上，网络都从根本上改变了人们之间的互动和沟通方式。网络提供了人际交往的特殊空间，正是这种特殊性决定了网络人际交往不同于现实社会交往的新特点。

（1）互动性与交互性

网络和传统传媒方式在交流上的最大区别就在于网络独一无二的互动性（interactivity）。网络不仅是单向的传播，同时还具有丰富的互动性。这种互动性具有形态（modality）、来源（source）和信息（message）三大特征（Vasalou & Joinson，2009）。用户在网络交往中的角色并不仅仅是被动的信息接受者，而更主要是积极的信息参与者。传统大众传媒不能让用户随意地选择信息的来源，而网络则可以让用户立即选择他们所关注的信息资源。Sundar 和 Nass（2000）指出传统大众传媒和网络的关键区别在于后者能让网络使用者在网络交往中同时呈现大量不同形态（文字、图片、音频、视频等）的信息，并自由地切换各种形态。

交互性同时也是一种概念化的媒介特征，从简单的文字到复杂的图片、动画、音频和视频，它可以让用户感受到网站的多元化形态。网络的交互性不仅让用户能够自由选择信息来源（包括作为信息门户的权利），还能够自由操作信息水平，例如各种各样的超链接被嵌进网站内容中，通过链接网络使用者可以不断地扩展和加深信息浏览水平，但使用者能自由决定哪些文本可以去阅读，哪些文本可以被忽略。另外，通过互动可以建构一种新的自我意识和自我控制（Riva，1997）。

（2）自主性与随意性

网络中的每一个成员都可以最大限度地参与信息的制造和传播，这就使得网络成员几乎没有外在约束，而具有更多的自主性。同时，网络是基于资源共享、互惠互利的目的建立起来的，网民有决定权，但由于缺乏必要的约束机制，所以网络交往也具有极大的随意性。陈秋珠（2006）认为，根据线索过滤原则和社会呈现理论，随着线索的缺乏以及社会呈现的降低，依靠网络交往建立亲密的、真诚的人际关系是不可能的。网络交往具有"一次博弈"的特征，即网络交往常常不会给网络使用者充足的时间去进行交往活动。李国华和仇小敏（2004）的研究认为，通过网络交往建立的人际关系具有高效率和低稳定性的特征。卜荣华（2010）进一步提出，网络交往的特征概括起来主要有两种：去抑制性和弱连接性。网络的去抑制性即指人在网络环境中会表现出不同于现实交流时的行为，比如说会更放松、约束感更低和自我表达更开放等。弱连接性则主要是指交往对象之间由于直接的接触很少，因而形成的情感连接肤浅易断,交往双方共同关注的内容范围也比较狭窄。

(3) 间接性与广泛性

网络改变人际交往方式,使人们之间的交流,由最初的人与人之间,拓展为人—机—机—人之间。哈佛大学心理学家 Stanley Milgram 在20世纪60年代提出著名的六度分割理论,认为处于社会中的个体要想与他人建立联系平均只需要六步(王小凡、李翔、陈关荣,2005)。而社交网站(SNS)的核心价值就是基于"六度分割理论"构建的一种人际沟通网。社交网站建立一张可以容纳全世界用户在内的巨型网络,网络中某一个人发出的消息可以以最快的方式传播给网络中的其他用户并逐渐扩大影响范围,这就是网络交往间接性的体现(余学军,2008)。而这种间接性也决定了网络交流的广泛性。

(4) 非现实性与匿名性

不少学者认为网络交往同时具有传统人际交往的部分特点和独特的无法被传统交往形式所替代的种种优势。网络社会的人际交往和人际关系的定义,已经突破了传统人际交往和人际关系的内涵,除了保留了传统人际交往的一些形式,也有其自身的内在本质,具有直接性和匿名性、开放性和共享性、多元性等特点(黄胜进,2006)。在网上人们可以"匿名进入",网民之间一般不发生面对面的直接接触,这就使得网络人际交往比较容易突破包括年龄、性别等在内的传统因素的制约。陈志霞(2000)也指出,网络交往既保留了传统人际交往的一些特质,也有它本身的一些特质,如便利性、时效性、经济性、保密性、虚幻性、新异性、创造性和审美性等。田佳和张磊(2009)认为,网络人际关系的主要特征包括多维性、全球性、虚拟性、不确定性和非中心化。

(5) 开放性与平等性

网络超越了地理空间的限制,而网络交往则极大地拓展了人际交往的渠道和范围。网络将不同种族、国籍、文化背景、价值观念和生活方式的人连接在一起,形成了一个开放式的空间。在网络空间中,每个人都可以自由地选择交往的对象,并与之就任何感兴趣的话题进行交流,或者获取任何感兴趣的信息。可以说网络为人际交往提供了极大的开放性。

网络没有中心,没有直接的领导和管理结构,没有等级和特权,每个网民都有可能成为中心，因此，人与人之间的联系和交往趋于平等，个体的平等意识和权利意识也进一步加强。由于网络匿名性的特点，网络沟通中的伦理规范比现实沟通中要弱，个体在网络中进行沟通可以打破现实沟通中因伦理、道德等因素造成的障碍，双方间建立平等、真实的沟通关系（Ben-Ze'ev, 2003）。此外，苏炫（2008）认为师生在网络上进行沟通可以消除师生间的不平等地位，有利于建立平等良好的师生关系。从权利意识角度，有报道显示，2010年人大代表通过微博问政，体现了民主原则的具体化，保障了公民的言论自由，而这正是网络沟通平等性的必然结果（秦前红、李少文，2011）。

（6）失范性

网络行为同其他社会行为一样，也需要道德规范和原则，因此出现了一些基本的"乡规民约"（如文件传输协议、互联协议等）。但从现有情况看，大多数网络规则仅仅限于伦理道德，而用于约束网络人际交往具体行为的规范尚不健全，且缺乏可操作性和有效的控制手段。网络虚拟化的人际交往方式，使得许多网民往往抱着游戏的心态参与网上交往，致使网上的信任危机甚于现实社会。我国学者杨欣（2010）认为，现实社会的交往和网络交往建立在不同的互动基础上，现实社会交往建立在人们面对面交往的基础上，具有直观性、互动性、现实性和制约性的特点；而网络交往则是一种虚拟的交往形式，它没有现实交往中的伦理制约。而且网络人际交往具有多重、分散、流动、交往规则的多元性、价值规范的不确定性以及重感性满足而轻道德约束等特征。

（7）社会支持性

互联网中的交往同样也具有社会支持性，个体参加社会支持的在线交流是因为他们在寻找与他们自身相关的信息、权利、鼓励、情感支持以及同情（Hamilton, 1998; Mickelson, 1997; Scheerhorn, Warisse, & McNeilis, 1995; Sharf, 1997）。网络和网络讨论组的出现为病患者寻求相同病症或相同治疗经历的人的支持提供了便利，例如病患可以分享个人的故事、医疗信息以及从相同经历的其他病人那里获得的支持。研究人员发现计算机媒介沟通（CMC）讨论小组可以为病患提供新的社会支持的途径（Braithwaite, Waldron, & Finn, 1999; Brennan, Moore, & Smythe, 1992; Lamberg, 1997; Lieberman, 1992; Mickelson, 1997; Scheerhorn, Warisse, & McNeilis, 1995）。

在线交流可以提供"弱连接"。有研究者认为弱连接关系存在于动态的亲密的家庭关系和压力之外，其本质属性是前后相关的（Adelman, Parks, & Albrecht, 1987）。一个人去到一个特定的地方，就会受到一些弱连接的支持。这个地方也许是教堂里向神父忏悔或者是在线交流中与有相同病症的患者的相互倾诉。事实上，有些研究人员认为由弱连接所提供的支持是匿名的、客观的，不会在亲密的人际关系中出现，因此为社会支持提供了另一种帮助（Adelman, Parks, & Albrecht, 1987; Walther & Boyd, 2002; Wellman & Gulia, 1999）。

2.3.2 网络利他行为的定义

近年来国内研究者对网络利他行为概念的界定进行了探讨。危敏指出，网络利他行为是指在网络环境中发生的符合社会期望并对他人、群体或社会有益的行为，它与现实生活中的利他行为在本质上并无不同。王小璐和风笑天认为，网络利他行为是指在网络环境中所实施的将使他人获益且自身会有物质损失，又没有明显自私动机的自觉自愿行为。其中，"物质损失"是指助人者在帮助他人的过程中所花费的网络开销、时间精力，以及虚拟的网络货币等；"没有明显自私动机"主要是指不期望有来自外部的精神的或物质的奖励，但不排除自身因做了好事所获得的心理满足感、自我价值实现等内在奖励。彭庆红和樊富珉把网络利他行为界定为在网络环境中发生的将使他人受益而行动者本人又没有明显自私动机的自愿行为。郑显亮（2011）等认为，网络利他行为是指人们在网络环境中表现出来的有利于他人和社会，且不期望得到任何回报的自觉自愿行为（郑显亮、祝春兰等，2011）。郑显亮（2010）采用经典测量理论（CTT）、概化理论（GT）、项目功能差异分析（DIF）、结构方程模型（SEM）等多种心理测量理论和技术编制大学生网络利他行为量表（IABSU），认为其包含30个项目，共有4个因子，分别将其命名为网络支持、网络指导、网络分享和网络提醒。

可以看出，网络利他行为有以下几个特点：①网络利他行为要借助网络媒体，是在网络环境中表现出来的行为；②网络利他行为的目的是有益于他人；③网络利他行为是一种完全自愿的行为，它不是在外界压力的影响下做出的；④网络利他行为不期待任何形式的回报或奖励，但它不排除在做出利他行为后产生心理满足、愉悦感、成就感等内在奖赏；⑤网络利他行为者可能会有所损失，要在时间、精力、物质上付出一定的代价。

有研究者指出，网络利他行为由于网络所特有的特点，而与现实中的利他行为还有不同，具体表现在：①表现形式的单一性；②利他者的主动性；③网络利他行为的延时性。

2.3.3 网络利他行为的影响因素

从助人者的角度来看，目前，研究者多在探讨助人者的人格特质与网络利他行为之间的关系。赵欢欢、张和云（2012）等人的研究表明，特质移情和网络社会支持可以显著地预测网络利他行为；大学生网络社会支持在特质移情和网络利他行为的关系之间起完全中介作用；情感支持和友伴支持在特质移情与网络利他行为之间的中介效应更为显著（赵欢欢、张和云、刘勤学等，2012）。有研究者探讨大五人格、自尊和网络利他之间的关系。研究显示：外倾性、责任性、神经质、开放性和自尊均能显著预测网络利他行为；自尊在外倾性与网络利他行为、开放性与网络利他行为关的系间起部分中介作用，在责任性与网络利他行为、神经质与网络利他行为关系间起完全中介作用（顾海根，2012）。也有研究者采用在线问卷的方法对402名网络游戏者进行了调查，探讨了网络游戏虚拟空间中助人的原因，并对其性别差异进行了比较，结果表明利他主义和互惠主义会同时影响网络利他行为（Wang & Wang, 2008）。

从网络环境的角度来看，网络社会的特定情境增加了利他行为发生的频率（郭玉锦、王欢，2010）。网络环境的一些特征比现实社会更有利于利他行为的发生。如：网络的匿名性使得求助者能够更多地自我暴露，更容易在网上发出主动求助的行为，也更容易获得他人的网络注意或同情；网络的及时性与互动性导致了利他行为的高效率、低成本；网络的超时空性使助人者从众心理减弱，更能主动承担帮助他人的责任；网络的虚拟性有利于美化帮助对象，形成对帮助对象的积极评价，使得人们在网络中的利他行为显得格外大方。网络环境中网民构成的多样性与内容的丰富性也给网络求助带来了便利,很多人都依赖网络来寻求帮助。与站在身旁的人相比,人们更愿意向电脑求助(Karabenick, S. A. & Knapp, J. R, 1988)。另外,网络环境中还存在着对利他行为的激励机制,如自我奖赏、自我安慰、对方的感谢、获得他人的认同、互惠互助等,使得网络利他行为不断延续和加强(彭庆红、樊富珉,2005)。还有研究者认为,网络人际交往空间的隐蔽性较好地避免了"责任扩散"的可能性,网络中助人者越多,利他行为越容易发生(王小璐、风笑天,2008)。

从对求助者的研究来看,王小璐等认为性别因素、同质性因素、主题因素、语言因素、符号因素等都是影响网络利他行为的因素(王小璐、风笑天,2008)。但是丁迈和陈曦认为,求助者的特征对网络利他行为的影响不大,它不是主要的影响因素,因为网络具有匿名性和虚拟性,这使得求助者的身份信息非常模糊,助人者无法判断求助者的特征,而求助者的经历、兴趣和话题的相似性则成为影响网络利他行为的主要因素(丁迈、陈曦,2008)。

2.3.4 网络利他行为中的旁观者效应

丁道群等人认为,由于网络交往的匿名性,所以现实生活规则与道德规范对不同性别的束缚和要求有可能被消除(丁道群、沈模卫,2005),且由于他人在场而抑制助人行为产生的旁观者效应也会被减弱。同样,赵欢欢等人的研究也证明了由于网络交往的匿名性,大学生被试均可以自主地决定自己的网络行为(赵欢欢等,2012),表现出相似的网络利他行为,网络当中的旁观者效应减少。而近期的研究证明旁观者效应仍然会在新媒体内容中出现(Fischer, Krueger et al., 2011),并且存在网络旁观者效应(Palasinski, 2012)。有研究指出在网上通过电子邮件求助时,电子邮件接收者人数会显著影响被试的助人意愿和助人的质量。而在虚拟社区的知识共享也显示出旁观者效应,即虚拟社区的规模显著影响知识共享的效率和质量(Lewis, Thompson et al., 2004; Blair, Thompson et al., 2005; Carrie A. Blair, 2005);有研究者对400个聊天室里的利他行为进行了相关研究,结果表明聊天室的人数和得到帮助所需要的时间显著正相关(Markey, 2000)。也有人对电子邮件中的利他行为进行了实证的探讨,表明其他人的在场减少了回复E-mail的意愿,但对E-mail

不回复的人数与在场的其他人的人数不成比例（Carrie A. Blair, 2005）。同样，也有矛盾的结果出现，即在虚拟社区的人数会促进助人行为的出现（Lewis, Thompson et al., 2004）。

2.4 利他惩罚

2.4.1 利他惩罚的定义

Fehr 和 Gächter 认为，利他惩罚是指团体中的某成员在团体中为了维护团体的合作、公正和团体长期利益，宁可自己承担成本去惩罚团体中的不合作行为，即使这些代价并不能得到预期的补偿（Fehr & Gächter, 2002）。研究者认为，利他惩罚行为本身不能直接增进群体中其他个体的生存适应性，而是通过惩罚这种手段来维护合作秩序，从而促进整个群体的平均适应性；从长远来看，是通过群体中合作行为的增加而得到回报的（Bowles & Gintis, 2004）。研究者认为界定利他惩罚需要具备三个主要特征：①会给破坏群体规范的行为主体造成利益损失；②需要惩罚者付出一定代价；③这种行为从根本上在于推进社会福祉，是一种利他行为（李佳等，2012）。

2.4.2 利他惩罚的研究范式

多数学者采用实验室实验来研究利他惩罚。研究者在电脑上创立博弈实验系统，并在博弈试验中使用代币来代替真实的货币。目前主要研究利他惩罚的实验有（李佳等，2012）：信任博弈实验（Trust Game，简称 TG）、公共物品博弈（Public Goods Game，简称 PGG）（Fehr & Gächter, 2000）、最后通牒博弈（Ultimatum Game，简称 UG）（Güth & Tietz, 1990; Camerer & Thaler, 1995）以及第三方惩罚（Third-party Punishment）（Charness, Cobo-Reyes et al., 2008; Fehr & Fischbacher, 2004; Henrich, McElreath et al., 2006）等。

(1) 信任博弈实验

信任游戏实验中有两个参与者，分别充当投资人（investor）和委托代理人（trustee），投资人会有一笔最初的初始基金（endowment），一般为10个代币（在游戏结束时会兑换成真实的钱），投资者可以选择从0到10的单位的代币进行投资，如果投资人付出资金量A，委托代理人能得到3A，然后可以选择一个从0到3A的数额还给投资人。这个游戏提供了对投资者的信任的行为测量：因为他（或她）将会投资他觉得有可能得到回报的资源，并且也会考察信托者的可信赖性——因为他被要求不能返回任何资源。信任博弈实验可分为单次信任博弈实验，也可设计为多次信任博弈实验，即在投资人和委托代理人之间存在多次的投资与回报。

Abbink et al（2000）拓展了该实验，他们在信任实验的基础上给予了响应者惩罚的机制，即可以付出Y个单位筹码使得对方减少3Y个筹码的损失，他们发现40%的人同时选择了回报和惩罚，21%的人只选择了奖励，而15%的人只选择了惩罚（陈叶烽，2010）。

(2) 独裁者博弈和最后通牒博弈

独裁者博弈（Dictator Game，简称DG）中有两个角色：分配者和接受者。在独裁者博弈实验中，分配者可以将一笔固定的资金分给接受者，无论分配者如何分配，接受者都必须接受。这种实验范式通常用来研究个体和组织的公平规范。公平规范是不同社会和国家中为人们所普遍接受的社会规范。

最后通牒博弈是独裁者博弈的变式。该博弈对家分别称作分配方案的提议者（proposer）和反应者（responder）。由提议者提出金钱的分配方案，如果反应者接受此方案，那么博弈双方按照该方案进行分配；如果反应者拒绝这个提议，那么双方都得不到钱，从本质上导致双方利益同时受损，也可以看作反应者对提议者的有代价惩罚。实际研究发现，提议者分给反应者的平均配额在总额的30%~40%之间，且少于总额20%的分配方案会被反应者拒绝（Kahneman, Knetsch et al., 1986；Thaler, 1988）。

以美国桑塔费研究院主要成员对五大洲12个国家的多个经济和文化环境迥异的小规模社会做的大规模跨文化最后通牒博弈中确认，文化差异对实验结果产生重要影响，但与先前的最后通牒实验所表征的一样，自利模型没有得到任何一个被研究的社会的支持，即一致系统性地偏离了自利人的假设

（Henrich，Body et al.，2001）。

（3）公共物品博弈

PGG 是诱发利他惩罚的一个重要范式。博弈者向公共账户投资（投资额被增值），进而获得最终的分红。就单个博弈者来说，对公共账户的投资额越少，其个人收益越趋近最大化。在 PGG 中，对公共账户投资多的博弈者势必会受到投机者的拖累。博弈者在投资结束后有对其他博弈者进行惩罚（或有代价）的权利。大量的研究结果表明，人们会对那些投资比较少的人（搭便车者，free rider）进行惩罚，而且这种惩罚在大多数情况下可以促进博弈者的投资行为，即推动人际合作。

（4）第三方惩罚

第三方惩罚实验往往是在独裁者博弈实验、信任博弈实验和公共物品博弈实验的基础上增加第三方监督而产生的实验变式。这样可以更准确地探究社会规范的稳定性，并从心理学的角度探寻人们利他的动机。

Fehx 和 Fisehbacher（2004）为了探讨社会规范（social norms）的稳定性，在独裁者博弈实验和公共物品博弈实验中加入了一个第三方（the third party），这个第三方可以对违背社会规范的一方进行惩罚，但这种惩罚会给第三方自身带来成本。按照自利人假设，第三方不会对偏离社会规范的行为进行惩罚，但这个实验的结果分析说明，很多人具有一种利他惩罚的倾向，正是这种利他惩罚行为，在维护社会规范和人类合作过程中发挥着至关重要的作用。Fehx 和 Fischbacher（2004）同时把第三方惩罚与独裁者博弈实验和公共物品博弈实验中的第二方惩罚机制的相对力度进行了比较，结果显示，无论在合作规范还是公正规范的维护背景中，第三方惩罚都比第二方惩罚起到了更为重要的作用。

第三方惩罚作为一种可借助多种实验范式测量利他惩罚的实验情境，是指将惩罚的权利赋予不直接参与"交易"的第三方。作为旁观者，第三方不会在博弈互动中受到不公正的待遇。因此，第三方做出的（有代价）惩罚应该是出于纯粹对公平、公正的维护，而不牵涉个人利益在这种惩罚行为中的混淆。大量的研究证据表明，在不同的条件下（包括匿名条件、单次博弈），都存在相当一部分"强互惠者"，他们不仅会与其他个体互惠，而且不惜花费个人代价去惩罚那些破坏群体规范的个体（陈叶烽，2010）。

2.4.3 利他惩罚与公平合作

近年来的一系列博弈实验一致显示出人们具有公平偏好。现有描述公平偏好的理论模型要么强调收益分配公平，要么强调行为动机公平，要么强调收益分配和行为动机的综合公平。相比之下，基于收益分配公平的理论模型在假设的真实性和模型的可操作性之间取得了较好的权衡，因而得到了广泛应用。公平偏好能够解释许多纯粹自利偏好不能解释的经济现象。

研究者在设计中用最后通牒博弈实验、礼物交换博弈（Gift Exchange Game）实验、信任博弈实验、独裁者博弈实验以及公共物品博弈实验等来研究公平偏好。

大量研究表明，当不公平现象存在时，人们甚至愿意采用利他惩罚的方式来对不合作者进行惩罚，以维护长久的社会规范和公平稳定。Fehr 等人（2004；1999；2002）基于独裁者博弈和囚徒困境博弈（Prisoners' Dilemma Game，简称 PDG）的一系列研究发现，在 DG 中大部分的第三方会牺牲自己的物质利益来惩罚做出不公平提议的独裁者；在 PDG 中，46%的第三方会惩罚那些选择背叛合作方的个体。事实上，大量的行为博弈实验都证实了人们对公平这种社会理想的诉求和对社会规范的维护（Blount，1995；Boyd，Gintis et al.，2003）。

但是也有研究指出了惩罚的负面影响。王沛（2011）等发现惩罚当下对合作行为有积极作用，但是当惩罚撤销之后，对人际信任和合作行为具有消极影响。具体表现为当惩罚取消后，经历过惩罚的被试的人际信任水平显著低于无惩罚条件被试的水平；经历过惩罚的亲社会型被试在惩罚取消阶段的合作程度显著低于惩罚存在阶段的合作程度，并且显著低于无惩罚条件被试的相应水平；惩罚通过亲社会型博弈者的人际信任水平对合作程度产生间接负效应，即惩罚程度越强，亲社会型博弈者的人际信任水平越低，进而使其合作程度也下降（王沛和陈莉，2011）。

2.4.4 利他惩罚与社会规范

社会规范（social norm）在心理学研究中通常被定义为区别于法律、规章等规定的行为规范，他是在群体中被成员所接受并遵从的行为标准和规则。社会规范可以通过减少亲个体的行为的可能性来简化个体的行为决策（Weber, Kopelman et al., 2004）。陈思静等认为，只有社会规范的激活，才会引发第三方的惩罚（陈思静、马剑虹，2011）。

而行为经济学中的专家认为，人类的合作行为与人类建立社会规范的能力有关系（Fehr & Ginis, 2007）。在"经济人假设"中，有很多现象无法解释，如基于名声的利他（reputation based altruism）（Mifune, Hashimoto et al., 2010）和基于惩罚的利他（punishment based altruism）（Boyd, Ginitis, & Bowles, 2010）。过往的研究者从"名声"等认知层面解释了社会规范作用起作用的模型，但仅能解决族群、种群、社会和团体等层面上的问题（King-Casas, Tomlin et al., 2005），名声对社会规范的影响不能解释个体的心理机制。本研究也将着眼于这个问题，试图解释在社会规范作用下的个体亲社会行为。

同样，社会规范的激活过程，也是人们的公平偏好和非公平规避的体现。同样，有研究者从对不公平的厌恶感、非公平规避和公平偏好等情绪方面解释社会规范的作用，强调了情绪反应与行为之间的直接联系（Knoch, Pascual-Leone et al., 2006），并从社会规范的神经生物学基础等方面进行了研究（Spitzer, Fischbacher et al., 2007）。

有越来越多的研究者关注社会规范在社会两难中对公平和合作等的促进作用。社会规范的存在，被看作人们限制自私动机、维护集体利益的重要机制（Biel, Eek, & Garling, 1999）。社会规范从人类文明中得以进化以来规范着人们的社会生活，特别是在个体的行动会对他人造成负面作用的时候（Coleman, 1990），并且起到限制自私动机而维护集体利益的作用。这在社会两难问题中尤为重要。

Schwartz 和 Berkowitz 等认为，利他行为在社会化过程中作为一种行为规范（social norms）被内化到自己的行为模式中，它是社会规范（规则）行为的一部分。社会责任规范一旦被激活，个人就会产生个人责任感，从而做出利他行为。由于责任的实现,满足或喜悦心情起内在奖赏作用。

意识到一个行动的需要是必要的,却不是激活仁爱价值观成为个人某一行为规范的充分条件(Schwartz & Howard, 1982, 1984),并且一个人还需要认识到他可以采取的有帮助作用的行为。如果没有意识到可以做出的行为,这种行为的需要就将只停留在情感唤起的阶段,而不会转换为去做些什么以减轻这种需要的责任感。此外,人们也有可能通过否认的防御机制,来解释自己道德和行为之间的冲突感,使得规范达不到应有的作用。因此情境的作用将会很大程度上影响到人们的亲社会行为。

目前,有研究认为对社会规范的违背会引发人们的社会情绪。本书将对个体对小群体中约定社会规范(情境引起的一般交互作用的规范)的感知;他人的不合作行为即是对社会规范的违背,也是由他人引发的公平规范的违背;从他人引发的社会情绪;个体采取行为维护社会规范,并进而解决社会两难问题等几个方面进行研究。

2.5 利他和利他惩罚的认知神经机制

随着神经科学技术和社会认知神经科学的兴起,社会神经经济学的研究也必然要将诸多社会偏好纳入研究视野中,从而从更深层面来观察和解释利他与利他惩罚的神经机制。

人作为社会性的动物,必须懂得如何与别人相处,遵守社会准则。在人与人之间相处的过程中,一方面要使自己的利益最大化,另一方面要使他人也获得足够的收益。这些行为都必须在社会准则的框架内,才能使社会系统和谐发展。跨越了这个界限,就可能受到外来的各种惩罚。在对利他惩罚的神经机制研究中,表明利他惩罚者在惩罚背叛者时获得了内部奖赏。恩斯特·费尔(Enst Fehr)博士采用 TG 范式,通过扫描受试者的大脑,使用 PET(Position Emission Tomography),即正电子发射 X 射线断层扫描技术,观测到位于中脑系统的纹体(striatum)包括尾核与壳核的神经回路的激活,且惩罚行为的强弱与其活跃程度正相关。

对利他惩罚的心理机制的研究表明,个体的情绪状态的神经表征决定了人们的决策行为。同时，也强调了人们可以从互动合作、惩罚违规者等行为中得到特殊的奖赏。它表明目标导向行为是某种激励机制的产物。而且，背纹体激活能力更强的受试者愿意花费更多的成本对背叛者进行惩罚。有研究显示大脑的奖赏回路主要包括扣带前回（anterior cingulated cortex，ACC）、眶额皮层（orbitofrontal cortex）、纹状体（striatum）和中脑多巴胺神经元（midbrain dopaminergic neurons）（Martin-Soelch，Leenders，2001）；而纹状体是涉及大脑奖赏加工的一个关键结构（Delgado，Frank et al.，2005）。因此背侧纹状体的激活反映了惩罚者可以从惩罚中获得预期的满足，支持了有关人们从惩罚违规者中得到满足的假说（De Quervain，2004）。研究者得出如下结论：如果不能从外界得到必要的激励，强互惠者可以从利他惩罚行为本身获得预期的满足（Fehr & Fischbacher，2004）。

同时，研究表明，不公平分配方案与引起人们的负性情绪有关。国外神经科学研究表明，不公平的分配方案会诱发人们的负性情绪。言表表明，双侧脑岛与恶心、疼痛、饥渴等负性情绪有关。Sanfey等（2003）采用UG范式，在研究中发现，越不公平的分配方案越能引起被试双侧脑岛（bilateral insula）的激活。那些面对不公平分配方案，脑岛区激活程度越高的被试往往也更可能拒绝不公平的分配方案。由此可以推断，当不公正分配方案出现后，会引发被试的负性情绪。

吴燕和罗跃嘉（2011）的研究表明，对利他惩罚结果的呈现会引发被试明显的反馈相关负波（feedback related negativity，FRN）。利用事件相关电位技术考察了被试在多次信任博弈游戏中观察"利他惩罚结果"和"不惩罚结果"的脑电成分，结果发现被试产生了明显的反馈相关负波，且负性程度更大的"不惩罚"结果其FRN波幅大于负性程度更小的"惩罚"结果。这是因为FRN是对负性反馈结果敏感的一个脑电成分。可见个体并非把利他惩罚结果知觉为一种正性结果，因此FRN反映了对社会结果的情绪动机意义的评价（吴燕和罗跃嘉，2012）。

前人研究了利他惩罚发生的机制，并考察了当利他惩罚结果呈现时被试的反应，但是并没有考察当利他惩罚的结果呈现时，公平得到维护时被试的反应，以及公平并未得到伸张时的反应。当人们观看到不公平现象时，会自动激起人们的亲社会的社会规范，从而激发人们的亲社会助人的愿望，而当人们有机会展开助人行动时,他们期待着自己的行为能够获得一定的效果,即能够避免潜在受害人的再次被欺骗,并通过社会规范惩罚违反者,以维护良性社会规范的形成。因此,本研究假设,当利他惩罚实施后,社会规范可以同时惩罚犯规者,又能同时帮助潜在受害人时,被试的心理感受和仅仅能够惩罚犯规者或者仅仅帮助潜在受害者时是不同的;同样,当被试对公平寄予更高的期望时,利他惩罚的结果实现被试的期望与未实现被试的期望,对被试的影响也有不同,受到被试的人格特点的调节。

3 总体设计

3.1 研究的主要内容和框架

在现实生活中，利他惩罚是指团体中的某成员在团体中为了维护团体的合作、公正和团体长期利益，宁可自己承担成本去惩罚团体中的不合作行为，即使这些代价并不能得到预期的补偿（Fehr & Gächter，2002）。李佳、蔡强等认为界定利他惩罚需要具备三个主要特征：①这种惩罚会给破坏群体规范的行为主体造成利益损失；②需要惩罚者付出一定代价；③这种行为从根本上在于推进社会福祉，是一种利他行为（李佳等，2012）。而在国际上对利他惩罚的研究中，多从利他惩罚的经济学涵义和利他惩罚的神经机制等各个方面对其进行研究。利他惩罚作为能够促进人类合作与公平的重要的变量，受到广泛关注。

对利他惩罚的研究有重要的意义。利他惩罚作为人类在长期进化过程中保留下来的亲社会行为，对不公平事件的发生有抑制和阻碍的作用。在群体中，利他惩罚行为会是群体规则和公平的监督机制，促进群体的公正和公平。

在经济学实验中，研究者用各种博弈实验来对利他惩罚进行操作。利他惩罚的结果变量：在最后通牒实验中，对结果进行拒绝就相当于进行了利他惩罚；而在信任博弈实验中，对搭便车的人的惩罚与否，就是利他惩罚进行与否，而惩罚金额的多少就代表惩罚的程度。而在网络环境当中，由于不公平事件的呈现方式和发生方式的多样性，以及人际交流的间接性，利他惩罚很多时候并不能直接指向违反社会规范的人。

3 总体设计

随着互联网应用的发展，许多现实中的人际互动的行为被赋予新的意义。并从时间和空间上根本改变了传统的社会交往和人际沟通的方式，形成了许多独特的观念和准则。网络提供了人际交往的特殊空间。正是由于这种特殊性，决定了网络中的人际互动不同于现实的新特点。

网络交往是基于计算机网络技术而形成的一种依靠符号作为交流中介的社会交往新形式，其本质是一种基于"人—计算机—人"模式的间接交往活动，网络使用者在网络互动过程中会逐渐形成一个广泛的网络关系网，以实现广泛交流思想和抒发感情的目的，即符号性精神互动（陈秋珠，2006；葛宜林，2005；郭习松，2005；刘一勤，2011）。如在网络环境中，人们会借用网络的匿名性、扩散性和便捷性，发布更多的亲社会信息来帮助他人。由于网络环境的特殊性，在网络中，利他惩罚行为如何实现？有研究者认为，网络具有"一次博弈"的特征。由于网络的匿名性和随机性，通过网络建立起来的人际关系具有高效率性和低稳定性的特点。网络环境中的人际交往具有一次博弈的特征，并有高效率性和低稳定性。同时，由于网络环境的宽松型和匿名性，利他行为更有可能存在。有研究者认为，在虚拟环境中有不公平事件发生后，通过信息发布的手段，将不公平事件和信息发布，可以通过这种方式来起到惩罚违反规范的人，以达到维护长久的公平和公正的目的。这就是网络提醒。

网络提醒是指在网上给予他人的一些提醒行为，如在网上提醒他人警惕某些诈骗引诱等不良信息、在网上曝光一些不法事件以提醒他人注意、自己在网上受了骗自觉发帖子提醒大家、告诉网友一些网络陷阱等。研究者认为网络提醒之所以起作用，与名誉（reputation）系统有关，即网络提醒中分享的信息会包含一些对个人或群体的名誉进行定位的信息，而个体或群体有维护自己的名誉系统的倾向。名誉系统可以促进合作并且制止自私自利（e.g. Wedekind & Milinski，2000）。个体会更倾向于做一些提高个人声望的行为，避免受到他人的攻击，并且避免自私地消耗群体有限资源。有研究显示，如果个体可以通过行动赢得更高的社会地位和威望，那么他们会显著地为公共财富做更多的贡献（Barclay，2004；Barclay & Willer，2007；Hardy & VanVugt，2006；Willer，2009）。这些研究表明关于名望和声誉的提醒可以帮助解决社会困境问题。

尽管外文文献中并没有直接对网络提醒进行分析的文献，但是"Gossip"这个概念，作为对名誉性信息的发布和分享，是与网络提醒最接近的一个概念。他可能为名望信息的分享提供了一个解释，以此来解决社会困境问题（Dunbar, 1996, 2004; Sommerfeld et al., 2007; Wilson et al., 2000）。根据这样的对声望信息进行分享的网络提醒，群体可以监控他们的成员，并且降低反社会行为，并以此促进合作的蔓延和集体主义情感（Barkow, 1992; Enquist & Leimar, 1993; McAndrew, 2008）。

民族学的研究认为"good gossip"，即基于好的目的的信息分享和提醒的行为，相当于一种利他惩罚。信息提醒会树立一个目标，使自私的人的人事信息在八卦者口中结束。研究发现，信息提醒可以将群体约束在一起，增强社会规范和规则，并且会改变群体期望水平（Baumeister, Zhang, & Vohs, 2004）。同样的，对小社会团体的观察研究的总结也发现了这一结果。Wilson等（2000）推断信息提醒（gossip）会减少自私行为和搭便车的行为（Acheson, 1988; Boehm, 1997, 1999; Ellickson, 1991; Haviland, 1977; Lee, 1990; McPherson, 1991）。

综上所述，本书认为，网络提醒是网络中的利他惩罚的一个重要手段，他满足利他惩罚的三个条件：①网络提醒会给破坏群体规范的行为主体造成一定的利益损失（如声誉的损失）；②需要惩罚者付出一定代价（潜在的风险或一些实质的物质付出）；③网络提醒促进了社会公平，是一种利他行为。在网络环境中和现实环境中，由于网络的特殊性，其也具备一些独有的性质。

本书将从网络环境中的利他惩罚与现实中的利他惩罚的区别和联系入手，了解网络环境中利他惩罚的特点，丰富网络环境中利他惩罚的内涵，并探讨网络环境中利他惩罚的影响因素和发生机制。研究整体框架如图3-1所示。

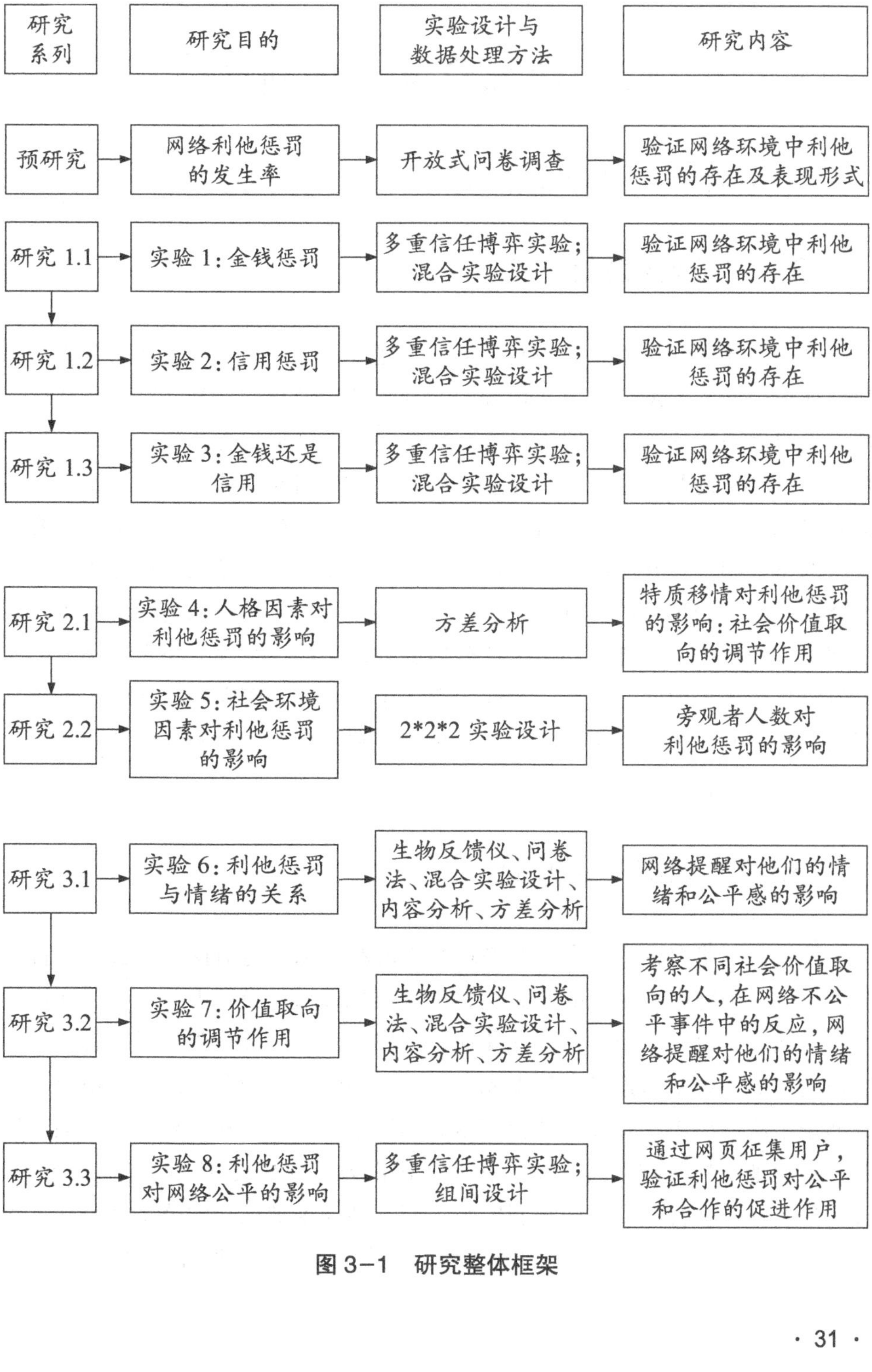

3　总体设计

研究系列	研究目的	实验设计与数据处理方法	研究内容
预研究	网络利他惩罚的发生率	开放式问卷调查	验证网络环境中利他惩罚的存在及表现形式
研究 1.1	实验1：金钱惩罚	多重信任博弈实验；混合实验设计	验证网络环境中利他惩罚的存在
研究 1.2	实验2：信用惩罚	多重信任博弈实验；混合实验设计	验证网络环境中利他惩罚的存在
研究 1.3	实验3：金钱还是信用	多重信任博弈实验；混合实验设计	验证网络环境中利他惩罚的存在
研究 2.1	实验4：人格因素对利他惩罚的影响	方差分析	特质移情对利他惩罚的影响：社会价值取向的调节作用
研究 2.2	实验5：社会环境因素对利他惩罚的影响	2*2*2 实验设计	旁观者人数对利他惩罚的影响
研究 3.1	实验6：利他惩罚与情绪的关系	生物反馈仪、问卷法、混合实验设计、内容分析、方差分析	网络提醒对他们的情绪和公平感的影响
研究 3.2	实验7：价值取向的调节作用	生物反馈仪、问卷法、混合实验设计、内容分析、方差分析	考察不同社会价值取向的人，在网络不公平事件中的反应，网络提醒对他们的情绪和公平感的影响
研究 3.3	实验8：利他惩罚对网络公平的影响	多重信任博弈实验；组间设计	通过网页征集用户，验证利他惩罚对公平和合作的促进作用

图 3-1　研究整体框架

3.2 研究意义和创新性

本研究的意义主要体现在以下两个方面。

3.2.1 理论意义方面

第一,在研究利他惩罚的基础上,拓宽了利他惩罚的涵盖面,深入研究网络环境中的利他惩罚与现实环境中的利他惩罚的异同,并针对网络环境的特点,对网络中的利他惩罚进行重新定位,以网络提醒为代表,研究在网络环境中的特殊的利他或助人情境。第二,从人格因素、社会环境因素两方面深入研究网络提醒的影响因素,有助于了解在什么样的社会情境下,更容易发生网络提醒,具有何种人格特点的人更容易做出利他惩罚这样的事情,为社会文化理论和进化论提供了进一步的支持。第三,采用网络编程技术,模拟网络中的不公平事件,并用虚拟分组的方法来操纵被试,为今后类似的实验研究提供基本的研究范式。第四,引入生理指标,研究网络环境中利他惩罚的发生机制,采用进化论的观点,来验证利他的本能性和利他惩罚的先进性,丰富了进化心理学的内容。

3.2.2 现实意义方面

第一,网络舆论的引导。网络环境中的利他惩罚是对网络不公平事件的一种反应。当前由于网络的匿名性,群体极化效果,当有不公平事件在网络上公布或发生时,民众的反应往往通过顶贴、转发、分享等形式,旨在将网络环境中的不公平因素最大化曝光。而对网络环境中的利他惩罚的研究,则有助于了解网络舆论爆发的社会环境,有助于及时了解和引导舆论导向。第二,对利他惩罚的推动与支持。利他惩罚作为一种社会进化而保留的行为,有其独特的社会价值,将同法制监督一起,共同维护社会的公平和公正。不同的是,利他惩罚更多的是一种自发和自觉的行为,是一种特殊的利他行为。

如何在现实生活和网络环境中促进利他惩罚这种特殊的利他行为的发生，营造良好的社会环境，也是需要关注的问题。对利他惩罚影响因素和发生机制的研究，则有可能对其有一定的启发作用。第三，网络购物信用评价体系的完善。在网络购物环境中，由于卖家买家的虚拟性和远程性，对商家行为的评判很多依靠商家的前期行为来决定。而网络提醒作为网络利他惩罚的重要手段，是对网络名誉系统进行管理的重要工具。对网络利他惩罚的研究，有助于规范网络购物环境信用评价体系的建立。

本书的创新之处在于：①用博弈实验研究范式来探讨利他惩罚对公平的影响，在国内还并不多见；②在不公平情境创造后，采用自我报告和生物反馈仪采集生理指标共同检测情绪的变化，结果更具有客观性；③以网络提醒为利他惩罚的操作变量，探讨在网络环境中利他惩罚的影响机制，用实验法来试图解决网络中的公平问题。

3.3 研究设计与基本假设

本书围绕"利他惩罚"，聚焦于网络环境中的利他惩罚，探讨名誉系统在网络环境中的重要作用，并研究影响网络环境中利他惩罚的影响因素和发生机制。

预实验从利他惩罚是一种特殊的利他行为，利他惩罚在利他行为中的分类、网络环境中的利他惩罚与现实中的利他惩罚的区别和联系入手，探讨网络环境中利他惩罚的特点，选定网络提醒作为网络环境中的利他惩罚的代表行为。

研究一利用计算机编程软件，利用加入第三方的信任博弈实验为范本，创设网络环境中的不公平情境，考察在网络环境中，当被试遭遇不公平事件时的情绪变化，利他惩罚的程度以及对利他惩罚类型的选择。在网络环境中，由于当事人的远程性和网络的虚拟性，名誉系统是一个重要的评价指标。信用是网络环境中的一个评价他人的重要体系。本研究探讨了金钱和信用对公平追求的影响与约束力，共分为三个小实验。实验1探讨在网络不公平情境中，金钱利他惩罚的发生率及对公平的影响；实验2探讨在网络不公平情境中，信用利他惩罚的发生率及对公平的影响；实验3探讨在网络不公平环境中，当金钱惩罚和信用惩罚同时出现时，被试对利他惩罚的偏好，并探讨对公平的影响。

本研究假设：①在以金钱为媒介的利他惩罚中，当不公平事件发生时，利他惩罚引发较高的负性情绪，有代价惩罚会加大被试的惩罚力度，金钱惩罚对公平感有促进作用；②在以信用为媒介的利他惩罚中，当不公平事件发生时，利他惩罚引发较高的负性情绪，无代价惩罚会加大被试的惩罚力度，信用惩罚对公平感有促进作用；③当不公平事件发生时，当人们面临金钱和信用两种惩罚选择时，个人利益会起调节作用，人们更多会选择信用惩罚。

研究二考察社会因素和人格因素对利他惩罚的影响，共分为两个小实验。实验4选用人格中对利他行为影响很大的变量——特质移情，研究特质移情对利他惩罚的影响，并探讨社会价值取向的调节作用（见图3-2）。实验5对实验3的范式进行进一步完善，研究旁观者人数对利他惩罚的影响。本研究假设：①高特质移情的人更容易出现利他惩罚的行为；②社会价值取向在特质移情对利他惩罚的影响中起调节作用；③旁观者人数的多少会显著影响被试的利他惩罚行为；④惩罚有无代价会显著影响被试的利他惩罚行为；⑤旁观者人数和惩罚有无代价会交互影响被试的利他惩罚行为。

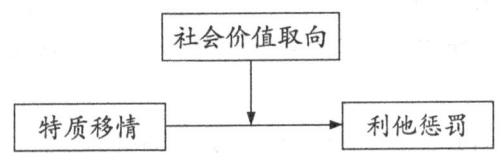

图3-2 特质移情对利他惩罚的影响及社会价值取向的调节作用

研究三探讨网络环境中利他惩罚的发生机制，共分为三个小实验。神经科学的研究发现，高亲社会倾向的个体在面对不公平现象时，杏仁核的激活程度要显著高于低亲社会倾向的个体。杏仁核和不公平厌恶的知觉情绪反应相关。本研究假设，被试的利他惩罚行为，与情绪的唤起和缓解有很大关系。实验6研究利他惩罚的情绪起源。实验7考察不同社会价值取向的人在网络不公平事件中的反应，网络提醒对他们的情绪和公平感的影响。实验8转换角色，考察在不同的实验条件下（高利他惩罚、低利他惩罚和无利他惩罚时），被试作为利益既得者，对公平的追求和遵守情况，来验证利他惩罚对公平的促进作用。本研究假设：①这种反社会行为的曝光会唤醒被试的负性情绪，如挫折和烦恼（挫折假设）；②有机会将这个信息讲出来的被试，与控制组的被试相比，将会报告有效地减少了被试的情绪的自动唤醒（情绪缓解假设）；③社会价值取向在情绪的唤起和缓解中起调节作用；④不同的利他惩罚水平对公平有显著影响。

4 预研究：调查网络环境下的利他惩罚与现实环境下的利他惩罚的比较

4.1 目的与假设

通过半开放式问卷调查，了解利他惩罚的内容、特征和产生的环境。

本调查的目的在于将网络环境中的利他惩罚进行归类，并明晰网络环境中不公平事件的典型行为及利他惩罚的表现形式，确定网络环境中的利他惩罚与现实中的利他惩罚的区别。

4.2 研究方法

4.2.1 工具

首先由 10 名心理学研究生就"利他惩罚"的概念进行讨论，并借鉴网络利他行为量表（郑显亮，2011）和一般利他行为量表的条目，讨论利他惩罚的操作性定义，以提供给被试做参考。利他惩罚的定义：利他惩罚是一种特殊的利他行为，它是指团体中的某个成员在团体中为了维护团体的合作、公正和长期利益，宁可自己承担成本去惩罚团体中的不合作行为，即使这些代

4 预研究调查网络环境下的利他惩罚与现实环境下的利他惩罚的比较

价并不能得到预期的补偿。通俗地说，就是当有不公平的事件发生的时候，有人会出面惩治那个不公平事件的实施者，让整个事件恢复公平，如路见不平，拔刀相助；方舟子打假事件等。

自编式的开放性问卷，包括三大部分。

首先，根据旁观者效应中对利他行为的分类，研究者将利他行为发生的情境分为四类：低危险非紧急、低危险高紧急、高危险低紧急、高危险高紧急（Fischer, Krueger et al., 2011）。因此，在调查中，我们也将调查在不同情境中人们的利他倾向，这部分请被试从非常不尽力到非常尽力进行7点评分。

第二，请被试调查现实中利他惩罚的典型事件、网络环境中的典型不公平事件、网络环境中的典型利他惩罚事件、网络环境中利他惩罚的典型行为。

第三，调查网络环境中的利他惩罚和现实环境中的利他惩罚最大的区别。

4.2.2 被试

在湖北省某高校心理健康课上发放问卷共80份，回收问卷78份，剔除未填写完整的，有效问卷77份。其中男生39人，占50.6%；年龄跨度为17~22岁，平均年龄18.75岁；来自农村的27人，县城的18人，城市的24人，缺省变量9人。

4.2.3 数据分析方法

本研究首先对70名被试进行不记名问卷调查，排除2份填写不完整的问卷，将问卷结果分项分类整理，并参考研究者协同一致质化研究（Consensual Qualitative Research，CQR）的方法对68份有效问卷的结果进行分析。

本研究采取质化研究，分析数据的步骤为：①将所有问卷结果关键词列入表格中，并提取与本研究主题相关的内容；②将这些信息划分为几个域（domain）；③第三，将同一个域的相似信息概括综合为核心观点（core idea）；④最后，将所有个案中同一个域中的全部核心观点进行交叉分析与整合（cross analysis），找出其中的共同点，聚合成为不同的类别（category），得到最后的研究结果。其中原始数据的录入部分由1名研究生完成；数据的关键词提取开始，共有6名研究生参与，对关键词提取进行集中讨论并分别提取，并将在同一问题上出现4次及以上的关键词作为本问题的核心关键词；在数据统计整合阶段，每个被试的结果所包含的关键词出现频次由同样6名研究生进行共同讨论协作完成，并由作者担任审核员（auditor），避免研究小组成员在分析过程中产生思维定势或重大错误。

4.3 结果与分析

4.3.1 利他行为倾向性及分类

根据旁观者效应中对利他行为的分类，研究者将利他行为发生的情境分为四类：低危险低紧急（LL）、低危险高紧急（LH）、高危险低紧急（HL）、高危险高紧急（HH）（Fischer, Krueger et al., 2011）。

根据第一部分调查结果，研究者将前三道题整合为一般情况下利他行为倾向的指标（内部一致性系数为0.72），并调查在这四类情境下人们的利他行为积极性。

他们与利他行为倾向的相关系数见表4-1。

表4-1 不同情境下人们的利他行为倾向性之间的相关性

皮尔森相关	低危险低紧急	低危险高紧急	高危险低紧急	高危险高紧急	利他
低危险低紧急	1	0.501**	0.480**	0.548**	0.494**
低危险高紧急	0.501**	1	0.459**	0.683**	0.579**
高危险低紧急	0.480**	0.459**	1	0.673**	0.744**
高危险高紧急	0.548**	0.683**	0.673**	1	0.607**
利他	0.494**	0.579**	0.744**	0.607**	1

注：**Correlation is significant at the 0.01 level（2-tailed）.

4 预研究调查网络环境下的利他惩罚与现实环境下的利他惩罚的比较

调查结果显示：在低危险低紧急情境中，最容易发生利他行为（$M = 5.87$），其次分别是低危险高紧急（$M = 5.7$）、高危险低紧急（$M = 5.05$）、低危险高紧急（$M = 4.4$）。不同情境下人们的利他行为倾向性见表4-2。

表4-2 不同情境下人们的利他行为倾向性

类型	低危险高紧急	高危险高紧急	低危险低紧急	高危险低紧急	一般利他
利他行为指数	5.70	4.40	5.87	5.05	5.50

如果将危险的程度分为高危险和低危险，紧急的程度分为高紧急和低紧急，经过2×2重复测量的ANOVA分析，结果发现，危险程度和紧急程度两者的交互作用显著[$F(1, 76) = 6.783$, $P < 0.05$]，危险程度的主效应显著[$F(1, 76) = 85.157$, $P < 0.01$]，紧急程度的主效应显著[$F(1, 76) = 12.995$, $P < 0.01$]。经过进一步的简单效应分析发现，在低危险的情境下，高紧急（$M = 5.7$）和低紧急（$M = 5.87$）情境下的利他行为并没有显著性差异[$F(1, 76) = 1.22$, $P = 0.273$]；在高危险的情境下，高紧急（$M = 4.4$）和低紧急（$M = 5.05$）情境下的利他行为并没有显著性差异[$F(1, 76) = 1.54$, $P = 0.300$]。

4.3.2 关于利他惩罚的几个关键词

在开放性问卷调查中，我们调查了6个问题，请被试分别对生活中的利他惩罚特点（t1）、网络中的不公平环境（t2）、个人遇到不公平行为的反应（t3）、网络环境中利他惩罚表现形式（t4）、现实利他和网络利他的区别（t5）、现实利他惩罚和网络利他惩罚的区别（t6）进行关键词描述，并请7名研究生（包含作者）在看完所有结果后进行焦点组讨论，列出每道题目的3~5个关键词，并进行频次统计，结果见表4-3。

4.3.3 生活中的利他惩罚的特点

根据表4-3所描述的，当7名研究生进行焦点组讨论将典型词汇筛选出后，参照研究者协同一致的质化研究方法，重新对 77 名被试的结果进行梳理，当被试的内容包含其中 1 个关键词时就定义为"1"，否则定义为"0"。根据关键词出现的频次来判断关键词的重要程度。

表 4-3 关于利他惩罚的特点及环境等的关键词

人员	类型	分 类				
T1	关键词	见义勇为	举报揭发	主动承担责任		
T1	频次	6	6	6		
T2	关键词	盗取个人	网络诈骗	网络安全	网络欺负	
T2	频次	6	5	4	5	
T3	关键词	提醒他人	抱怨反抗申诉举报	忍耐	转发评论	
T3	频次	3	7	5	4	
T4	关键词	提醒	分享转发	网络汇款募捐等	舆论支持	
T4	频次	4	7	4	6	
T5	关键词	匿名性	广泛性	快捷高效	不知真假	易得性
T5	频次	7	4	7	4	1
T6	关键词	安全性	免责性	结果有效性高	惩罚力度小（结果）	惩罚意愿强
T6	频次	6	4	4	4	2

在对生活中的利他惩罚的事情所包含的特点这一描述中，结果见表 4-4。

表 4-4 生活中的利他惩罚

	频次	有效百分比(%)	累积百分比(%)
见义勇为	34	49	49
举报揭发	34	49	98
主动承担责任	1	2	100
合计	69	100	

4.3.4 网络环境中的利他惩罚

在现实生活中，有不公平的事件发生时，当其他条件符合，如当时的情

4 预研究调查网络环境下的利他惩罚与现实环境下的利他惩罚的比较

境是低危险的，最有可能发生利他惩罚事件，见表 4-2。而在网络环境中，什么样的环境有可能发生利他惩罚呢？问题 2 对这个问题进行了描述。

对网络环境中的不公平事件的描述见结果 4-5，从表中可以看出，网络诈骗是人们最常遇到的网络不公平事件（34.2%），其次是网络信息泄露（25.6%）和网络安全问题（25.6%），最后是网络欺负问题（14.6%），如网络诽谤和网络侮辱等。

表 4-5　网络环境中的不公平事件

	频次	有效百分比(%)	累积百分比(%)
网络信息泄露	30	25.6	25.6
网络诈骗	40	34.2	59.8
网络安全	30	25.6	85.4
网络欺负（诽谤侮辱）	17	14.6	100
合计	117	100	

问题 3 和问题 4 分别对个人与大众遇到不公平事件的反应进行了描述。这两个问题都是对网络不公平问题的回应，如果个人的回应符合利他惩罚的条件，那就是网络利他惩罚的典型行为。

从表 4-6 中我们可以看到，当遇到网络不公平事件时，人们会采取各种各样的行为进行调试，而在所有行为中，只有 15% 的行为是消极行为，典型行为为忍耐，而 85% 的行为都是对网络环境中不公平事件的回应或者反抗，其中有 40% 的行为是对其他有可能受到不公平事件的人的间接帮助和提醒，人们用直接提醒他人和对不公平行为发出评论的方式来表达对网络公平正义的维护。这与在现实中有很大区别。

表 4-6　个人对网络环境中不公平事件的回应

	频次	有效百分比(%)	累积百分比(%)
提醒他人	28	28	28
抱怨反抗申诉举报	45	45	73
忍耐	15	15	88
转发评论	12	12	100
合计	100	100	

在表4-7中,我们可以看到,对网络环境的利他惩罚进行典型行为征集时,出现最多的是网络舆论支持(47.3%),即通过对不公平事件的评论或描述、对获利方的谴责等方式进行网络中的舆论造势,这也是在网络中最安全的一种对不公平事件的谴责和惩罚行为;网络分享和转发是对手段的描述,因为其简单性而成为第二大典型行为;网络汇款募捐是采用金钱捐赠的方式对弱势群体提供的一种支持和资助,这是一种网络助人行为,但是不属于网络利他惩罚的范畴;网络提醒因为其明确的指向性和助人性,也占据了典型行为的11.6%。

表4-7 网络环境中的利他惩罚

	频次	有效百分比(%)	累积百分比(%)
网络提醒	13	11.6	11.6
网络分享转发	32	28.6	40.2
网络汇款募捐等	14	12.5	52.7
网络舆论支持	53	47.3	100
合计	112	100	

在网络利他惩罚行为中,由于网络环境的特点,对不当获益者的惩罚很难用金钱的方式呈现,往往会通过对不当获益者的信息披露、行为谴责、信用贬损等为其名誉和信誉贴标签的形式进行惩罚。

4.3.5 现实与网络环境中的利他和利他惩罚的区别

问题5和问题6分别就网络中的利他和网络中的利他惩罚分别与现实中的区别进行比较、讨论,得出的结论如下。

从表4-8可以看出,网络环境中的利他行为具有几个特点。首先是迷惑性(34.1%),由于网络环境的虚拟性,在网络环境中发生的事件并不像现实环境中那样确定,因此,网络环境中的利他行为往往也具有迷惑性,即不知真假的特点。其次是匿名性(29.5%),由于网络的虚拟性,助人者与受助者的信息都是匿名的,因此,网络环境中的利他行为并不像现实中那样具有明确的指向性;再次是具有快捷高效性(20.5%),网络的普及和网络传播方式

4 预研究调查网络环境下的利他惩罚与现实环境下的利他惩罚的比较

的网状结构,使得信息传播在网络中呈几何倍数的增长,在助人过程中,这种便捷性和高效性也同样会存在。发生在地球一个角落里的事件,可以瞬间被地球另一个角落的人知晓,并获得帮助。最后是广泛性(9.1%)和易得性(6.8%),在网络可以覆盖到的地方,利他行为都有可能发生,并且由于网络中的利他表现形式较为单一,呈现低危险的特点,也有易得性的特点。总之,从调查中得出,与现实环境比较,网络环境中的利他行为具有迷惑性、匿名性、快捷高效性、广泛性和易得性等特点。

表4-8 网络环境中的利他与现实中的区别

	频次	有效百分比(%)	累积百分比(%)
匿名性	26	29.5	29.5
广泛性	8	9.1	38.6
快捷高效性	18	20.5	59.1
迷惑性(不知真假)	30	34.1	93.2
易得性	6	6.8	100
合计	88	100	

在郑显亮(2010)的研究中,研究者采用经典测量理论(CTT)、概化理论(GT)、项目功能差异分析(DIF)、结构方程模型(SEM)等多种心理测量理论和技术编制大学生网络利他行为量表(IABSU),认为网络利他行为共有4个因子,分别为网络支持、网络指导、网络分享和网络提醒。网络利他行为由于网络所特有的特点,而与现实中的利他行为还有不同,具体表现在:①表现形式的单一性;②利他者的主动性;③网络利他行为的延时性。

从表4-9中可以看到,网络环境中的利他惩罚与现实生活中相比,有如下特点:①安全性(33.3%),网络中的利他惩罚符合利他中的低危险性的特点,从表4-2得出,低危险性的情境更容易激发利他行为,所以,安全性是网络中利他惩罚更易发生的条件;②结果有效性高(28.9%),由于网络中的利他惩罚往往对利他获益者的信誉进行惩罚,同时由于网络的力量,惩罚的有效性更高;③免责性(20.0%),由于网络监管的不方便和网络环境的虚拟性,网络中利他惩罚结果具有无形性,利他惩罚往往是借助大众的无形力量而形成的,往往是集体意志的结果,网络环境中的利他惩罚也具有免责性的特点;④惩罚力度小(11.1%),惩罚意愿强(6.7%)。由于网络中的利他惩罚有低危险性的特点,所以人们在网络中往往被激发起更强烈的惩罚意愿,但是网络惩罚结果的力度,由于不能落实到现实生活中去,往往采用舆论和网络提醒等方式进行,也具有惩罚力度小的特点。

表4-9 网络环境中的利他惩罚与现实中的区别

	频次	有效百分比(%)	累积百分比(%)
安全性	15	33.3	33.3
免责性	9	20.0	53.3
结果有效性高	13	28.9	82.2
惩罚力度小	5	11.1	93.3
惩罚意愿强	3	6.7	100
合计	45	100	

在网络利他惩罚行为中,由于网络环境的特点,对不当获益者的惩罚很难用金钱的方式呈现,往往会通过对不当获益者的信息披露、行为谴责、信用贬损等对其名誉和信誉贴标签的形式进行惩罚。这就是惩罚代价的无形性和惩罚指向的分散性。这也是网络环境中利他惩罚的特点。

4.4 讨 论

4.4.1 情境对利他行为的影响

Fischer 和 Krueger 等人做了一个全面的元分析,从以下几个方面讨论了在不同情境中人们的利他行为(Fischer, Krueger et al., 2011):①所有旁观者都处于危险之中;②只有受害者处于危险之中;③反派角色扮演;④没有紧急事件。研究者对紧急事件、高危险角色扮演(干预者处于高危险之中)和

4 预研究调查网络环境下的利他惩罚与现实环境下的利他惩罚的比较

低危险角色扮演（干预者处于低危险之中）的区别表现是元分析的主要关注点。研究者假定在今后的研究中旁观者效应系分为两大类，即当他们实施帮助时自身是否有危险。研究者验证了在紧急危险事件中旁观者效应出现与否取决于各种各样的调节变量。有实验研究表明，时间的压力会导致旁观者效应的出现，即利他行为的减少（Kozlov & Johansen，2010），也就是即当事件是紧急事件的时候，人们对他人的帮助反而减少。本调查也得出了同样的结论，在危险程度相同的情况下，低紧急的事件会比高紧急的事件更促进人们去帮助他人。

Fischer 等人在 2006 年做了研究发现，在危险情境下，他人的存在会增加利他行为出现的几率（Fischer, Greitemeyer et al., 2006）。而在本调查中，并没有涉及他人存在与否对利他的促进和阻碍，这也是在后续研究中需要关注的问题。本调查研究还发现，低危险的情境更能促进人们的利他行为，但是前人研究发现，在低危险环境中多人存在，反而阻碍人们的利他行为，这就是典型的旁观者效应，而高危险情境中的多人存在会促进人们的利他行为。网络环境是个典型的低危险情境，而在网络环境中会不会有典型的旁观者效应出现呢？这也是后续需要研究的问题。

4.4.2 网络环境中的利他行为

在郑显亮（2010）的研究中，研究者采用经典测量理论（CTT）、概化理论（GT）、项目功能差异分析（DIF）、结构方程模型（SEM）等多种心理测量理论和技术编制大学生网络利他行为量表（IABSU），认为网络利他行为共有 4 个因子，分别为网络支持、网络指导、网络分享和网络提醒。网络利他行为由于网络所特有的特点，而与现实中的利他行为还有不同，具体表现在：①表现形式的单一性；②利他者的主动性；③网络利他行为的延时性。

本调查发现，与现实环境比较，网络环境中的利他行为具有迷惑性、匿名性、快捷高效性、广泛性和易得性的特点。其中网络利他行为的延时性和本调查中网络利他行为的快捷高效性是从两个不同的角度进行诠释的。这也是由网络的特点决定的。

4.4.3 网络环境中的利他惩罚行为

在网络环境中,当不公平事件发生时,人们会有多种利他行为。网络舆论支持(47.3%),即通过对不公平事件的评论或描述、对获利方的谴责等进行网络中的舆论造势,这也是在网络中最安全的一种对不公平事件的谴责和惩罚行为;网络分享和转发是对手段的描述,因为其简单性而成为第二大典型行为;网络汇款募捐是采用金钱捐赠的方式对弱势群体的一种支持和资助,这是一种网络助人行为,但是不属于网络利他惩罚的范畴;网络提醒则由对潜在受害人的提醒和对不当得利人的谴责共同组成。

针对利他惩罚的三个核心定义:①这种惩罚会给破坏群体规范的行为主体造成利益损失;②需要惩罚者付出一定代价;③这种行为从根本上在于推进社会福祉,是一种利他行为(李佳等,2012)。在网络中出现不公平事件时,网络提醒是典型的网络环境中的利他惩罚。

作为对名誉性信息的发布和分享,是与网络提醒最接近的一个概念。他可能为名望信息的分享提供了一个解释,以此来解决社会困境问题(Dunbar, 1996, 2004; Sommerfeld et al., 2007; Wilson et al., 2000)。

"good gossip"即基于好的目的的信息分享和提醒的行为,相当于一种利他惩罚。信息提醒会树立一个目标,使自私的人的人事信息在八卦者口中结束。研究发现,信息提醒可以将群体约束在一起,增强社会规范和规则,并且排斥那些改变了群体水平期望(Baumeister, Zhang, & Vohs, 2004)。

本书认为,网络提醒是网络中的利他惩罚的一个重要的手段,他满足利他惩罚的三个条件:①网络提醒会给破坏群体规范的行为主体造成一定的利益损失(如声誉的损失);②需要惩罚者付出一定代价(潜在的风险或一些实质的物质付出);③网络提醒促进了社会公平,是一种利他行为。

同样,本调查发现,网络环境中的利他惩罚与现实生活中相比,有如下特点:安全性,结果有效性高,免责性,惩罚力度小,惩罚意愿强,惩罚代价的无形性和惩罚指向的分散性。

4.5 小　结

通过本次预研究，主要发现的结果如下：

（1）情境对人们的利他倾向性有一定的影响。在低危险低紧急情境中，最容易发生利他行为，其次分别是低危险高紧急、高危险低紧急、低危险高紧急。与紧急性比较，危险性对利他行为的影响有更重要的作用，低危险性的情境更易引发利他行为和利他惩罚行为。

（2）在网络环境中，网络诈骗是人们最常遇到的网络不公平事件，其次是网络信息泄露和网络安全问题，然后是网络欺负问题，如网络诽谤和网络侮辱等。

（3）与现实环境比较，网络环境中的利他行为具有迷惑性、匿名性、快捷高效性、广泛性和易得性的特点。

（4）网络环境中的利他惩罚与现实生活中相比，有安全性，结果有效性高，免责性，惩罚力度小，惩罚意愿强，惩罚代价的无形性和惩罚指向的分散性等特点。

（5）在网络环境中，人们更倾向用积极的方式应对不公平事件，典型的利他惩罚行为是网络提醒。

5 研究一：网络环境中利他惩罚的存在性

在现实情境中，研究者认为，如果有不公平事件发生，人们会对不公平事件的实施者进行惩罚，以保证群体的长期的公平和公正。而在网络环境中，网络将人与人面对面、互动式的交流，变成了人与机器之间的交流，具有间接性的特点。以博客为例，当人们将对某一个事件的观点或看法发布在网络上的时候，会同时有多个人看到这条消息，所以，信息交流和传递的方式就变成了一对多，扩大了信息的影响范围。所以，当网络上的不公平事件发生后，它的传播与在现实中的传播也是不一样的。对于不公平事件的干扰和纠正也会与在现实环境中有所不同。所以本研究侧重于根据网络环境的基本特点——一次博弈、随机性、信息的分散性和广传播性，构建虚拟环境，考察利他惩罚是否存在、影响因素及发生机制。

在研究一的整个过程中，由于被试要进行的网络互动任务，并考察网络环境中的利他惩罚之间的关系，所以，研究主要应用的是信任博弈实验范式。

Fehr 和 Fischbacher（2004）同时把第三方惩罚与独裁者博弈实验和公共品博弈实验中的第二方惩罚机制的相对力度进行了比较（Fehr & Fischbacher, 2004），结果显示，无论在合作规范还是公正规范的维护背景中，第三方惩罚都比第二方惩罚起到了更为重要的作用。同样，在网络环境中，很多不公平事件的发生，并不能触及个体的个人利益。

第三方惩罚作为一种可借助多种实验范式测量利他惩罚的实验情景，是指将惩罚的权力赋予不直接参与"交易"的第三方。有研究者认为，作为旁

5 研究一：网络环境中利他惩罚的存在性

观者，第三方不会在博弈互动中受到不公正的待遇。因此，第三方做出的（有代价）惩罚应该是出于纯粹对公平、公正的维护，而不牵涉个人利益在这种惩罚行为中的混淆。

由于模拟情境要最大限度地模拟网络环境的特点，在网络环境中，人们之间具有匿名性和人际互动的随机性，并且不公平事件发生时，为了保证结果的客观公正性，暂时不能损害被试的利益，因此，在博弈实验范式中引入第三方惩罚。本研究中的研究范式在 Fehr 和 Fischbacher 的基础上做了简单的改进，采用 Feinberg 等人的研究范式（Feinberg, Willer et al., 2012），在信任博弈实验范式中引入第三方。

在实验设计中，研究者秉承这一大的前提条件：在所有的博弈实验中都设置观察者，这个观察者既是网络互动任务的显性卷入者，又是网络互动任务中的隐形的受益者或受害者，即假设当网络互动任务中，人们都遵从既定规则的时候，整个网络环境就是良性环境，旁观者也是潜在的受益者，因为有可能在下一轮游戏中，他就是投资人或者信托人；而当人们不遵从既定规则的时候，有可能会形成混乱的环境，而这个混乱的环境也会给旁观者带来后期的潜在利益损失。

在网络互动任务中，研究者根据研究需要，将创造网络中的不公平事件，并考察当网络中的不公平事件发生时，旁观者会做出何种反应。以此来考察利他惩罚存在的可能性、强度和影响利他惩罚的因素。

同样，在人们进行利他惩罚的过程当中，必将会丧失一些个人的成本，这些成本有可能是金钱、物质等显性的东西，或者是用信誉做保障、时间成本等隐性的东西。在利他的过程中，助人者本身并不会得到明显的好处，同时，潜在获益者会受到一定的惩罚。那么，人们愿意付出多少成本来维持他所在群体的公平和谐呢？这是研究一需要探讨的问题，也是实验1的重点所在。

在人们付出成本的同时，每个人对结果都有一定的预期。人们只会在有预期的时候才可能付出行动，那么，人们对潜在获益人的惩罚，是物质性的还是名誉性的呢？前人有研究表明，名誉性的惩罚可以将群体约束在一起，增强社会规范和规则，并且排斥那些改变了群体水平期望的人（Baumeister, Zhang, & Vohs, 2004）。同样的，对小社会团体的观察研究的总结也发现了这一结果。Wilson等（2000）推断信息提醒（gossip）会减少自私行为和搭便车的行为（Acheson, 1988; Boehm, 1997, 1999; Ellickson, 1991; Haviland, 1977; Lee, 1990; McPherson, 1991）。名誉管理是网络环境中秩序维护的重要前提和手段。名誉惩罚对于网络环境是一个更加有针对性、更有作用的惩罚，当人们可以对不当获利者进行信用惩罚时，是否会更具有针对性和生态效度。这是实验2所重点讨论的问题。

金钱惩罚和信用惩罚无疑对维护群体的公平都有一定的约束作用。名誉性的惩罚可以将群体约束在一起，增强社会规范和规则，并且排斥那些改变了群体水平期望的人（Baumeister, Zhang, & Vohs, 2004）。是否在网络环境中，人们更多会选择信用惩罚，还是由于网络的一次博弈性特点和人们的金钱付出，会更多选择金钱惩罚，这些都是实验3想要探讨的问题。高预期高公平感的人是否就会对被试采取更多的惩罚，或者高预期高社会公平追求的人会更倾向于选择名誉惩罚来维护长期的公平和稳定，这些都会在实验3中进行探讨。

实验1主要考察利他惩罚有代价和无代价时，被试对违反规则的人进行金钱惩罚的差异；实验2主要考察利他惩罚有代价和无代价时，被试对违反规则的人进行名誉惩罚的差异；实验3主要考察被试可以对金钱惩罚和名誉惩罚这两者进行选择时的差异。

5.1 以金钱为媒介的网络利他惩罚

实验1：在以金钱为媒介的网络环境中，有无代价对利他惩罚的影响。

5.1.1 研究目的和假设

本实验主要考察在以金钱为媒介的网络环境中，惩罚有无代价对利他惩罚的影响以及对情绪和结果预期的影响。

假设 1：在网络环境中，当有不公平事件发生时（即在网络一次博弈事件中，参与者的利益受到侵害），在有偿利他的情境下，惩罚的力度会显著小于无偿利他的力度。

假设 2：在被试进行利他惩罚之后，被试的负性情绪会显著下降。

假设 3：有代价利他惩罚会比无代价利他惩罚释放更多的负性情绪。

假设 4：公平感在有代价与否对惩罚力度的影响中起调节作用。无论在有代价惩罚还是无代价惩罚条件下，高公平感被试的惩罚力度会显著高于低公平感被试的惩罚力度。

5.1.2 研究方法

5.1.2.1 被试

62 名大学生参加实验，其中男生 19 名，女生 43 名。所有实验对象均为海报招募，实验完成后获得一定数量的报酬。

5.1.2.2 实验变量和设计

自变量：惩罚是否有代价（被试间变量），利他惩罚前后时间点（被试内变量），公平感（被试间变量）

因变量：①对搭便车的人是否进行惩罚（是，否）
　　　　②惩罚的金额
　　　　③被试的即时情绪指标
　　　　④被试的负性情绪释放指标

该实验为两因素混合实验设计。

5.1.2.3 实验程序

被试被告知参加网络投资实验（实验1的程序截图见附件一）。在网络投资游戏中，有三个角色：一个角色是投资人，一个角色是信托人，一个角色是观察者。不同的网络互动游戏中，角色的数量不同。在本实验中，有两个投资人：投资人 A 和投资人 B；一个信托人和一个观察者。

游戏分为两轮，投资环节和回报环节。投资人角色的目的就是在投资环节判断信托人是否可信，并根据规则来判断应该做何种投资可以获得最大的收益。而信托人的角色在最初并未分配到金币，他的金币是依靠投资人的投资和规则翻倍而获得的。信托人角色的任务是根据规则和投资人的投资来决定返回金钱的数量。在本研究中，研究者加入观察者这一角色。根据前人的研究，研究者将观察者的任务指定为：观察者在这个游戏中充当观察员和监督员的角色。每个观察者在游戏进行过程中可以看到所有的投资回报情况，并有对违反游戏规则的人进行惩罚以保证游戏正常进行的权力。（投资人、信托人、观察者这三个角色的任务会以单独的一页纸呈现出来，详见附件一）

在每一轮实验开始之前，投资人和观察者两个角色都会各自得到10个金币。在投资环节如果投资人向信托人投资 A 个金币，信托人就会得到 3A 个金币。在回报环节，信托人就要选择将多少金币返还给投资人（因为他所有的钱都是由于投资人的投资得来的）。前人研究认为，人们最多的返还的比例是30%左右（陈叶烽，2010）。在正式实验开始之前，研究者会通过一个问题来确认被试都真正明白了投资回报任务的实质，被试会回答问题，当答案正确时（答案是唯一的），被试才可以进行下一步。在程序中，会有这样一个问题："例如，在投资环节，投资人有10个金币，信托人有0个金币。投资人向信托人投资5个金币，这时，投资人有几个金币，信托人有几个金币。正确答案分别是5和15。只有当答案正确时，才可以进行下一步。

在实验情境中，由于研究需要，所有被试都被分配为观察者。在实验情境中，由于要创造不公平情境，研究者设计，信托人在第一轮投资回报的环节中回报为 0。研究者认为，通过不公平的回报创造了网络不公平环境。这时，考察被试的一系列指标：公平追求和面对不公平事件的即时情绪。

公平追求题目："你认为在本轮游戏中，信托人应该给投资人回报多少金币才是公平的？题目共有4个选项，分别为0, 10（所有金币的三分之一），15（所有金币的二分之一），20（所有金币的三分之二）。"请被试进行迫选。研究者将选择10的被试定义为低公平感被试，将选择20的被试定义为高公平感被试，在后续研究中继续分类统计考察。

被试的即时情绪指标题目："请被试为自己的情绪打分：受挫折程度、苦恼程度和被激怒程度（从0到100进行描述）。"有研究认为，通过这三种情绪的拟合，可以得到一个负性情绪的综合值，来考察人们面对不公平事件的情绪变化（Feinberg, 2012）。

下一个界面将是研究者对实验的控制,被称为观察者任务二。在实验情境一中会出现,即当被试是有代价惩罚(被试对信托人的惩罚要花费被试自己的金币)时,被试对信托人的惩罚程度。在界面中显示:"你在这个时候有机会对违反规则的人进行惩罚,以维护整个游戏的公平。"然后电脑显示"系统随机给你分配观察者的权限",你的任务是有代价惩罚,你要付出一点金币来获得扣除信托人金币的权限(如果你付出1个金币,信托人就会减少3个金币)。请你填写你愿意付出的金币的数量(从0到10),当被试填写之后,才可以点下一步继续。当被试填写的金币大于10时,也不能点下一步(详见实验程序截图)。

在实验情境二中会出现,当被试是无代价惩罚(被试对信托人的惩罚不需要付出金币)时,被试对信托人的惩罚程度。在界面中显示:"你在这个时候有机会对违反规则的人进行惩罚,以维护整个游戏的公平。"然后电脑显示"系统随机给你分配旁观者的权限",你的任务是无代价惩罚,你将获得一个惩罚权限,你可以任意减少信托人的金币数量,以作为对信托人在游戏中的欺骗行为的惩罚,请填写你要扣除的信托人金币的数目(从0到30)。当被试填写之后,才可以点下一步继续。当被试填写的金币大于30时,也不能点下一步(详见实验程序截图)。

在观察者任务三中,观察者被要求填写在行使观察者权力后的情绪状况(同上),并填写负性情绪释放问卷。负性情绪释放问卷共有两个题目:"(1)当你行使了惩罚权利之后,你的情绪有多大程度的释放?(2)总的来说,你的感觉好了几分?(请从0到100进行评价)"

当观察者填写完所有的问卷之后,点击下一步,继续观看投资人B和信托人的游戏,这时提醒网络互动任务结束。

在互动任务结束后,实验助手会一一对被试进行访谈,了解他们对题目的理解程度以及怀疑程度,如果认为是实验程序控制所致,该被试的结果将被删除。

在结果的收集中,我们共收集到以下几组数据:①被试的公平追求感指标;②即时情绪一(利他惩罚前);③即时情绪二(利他惩罚后);④利他惩罚成功信念;⑤负性情绪释放指标;⑥对信托人的惩罚力度。

5.1.3 实验结果与分析

通过对被试实验结束的访谈来判断被试是否真正理解在程序中所要填写的内容,经过审核,共有 52 名被试并没有怀疑实验目的,结果符合要求,因此在实验 1 中,共有有效数据 52 份。

5.1.3.1 利他惩罚中即时情绪的缓解

首先,将利他惩罚之前和利他惩罚之后被试填写的综合即时情绪的指标拟合成一个关于负性情绪的指标,利他惩罚之前的情绪克伦巴赫系数为 0.865,利他惩罚之后的克伦巴赫系数为 0.904,拟合指标较好。同时将负性情绪释放问卷的两个题目结果拟合为负性情绪释放指数($a = 0.9097$)。

在有条件惩罚条件下,将被试在利他惩罚前的即时情绪与利他惩罚后的即时情绪做配对样本 T 检验,结果显示,被试在利他惩罚前的负性情绪要显著高于在利他惩罚后的负性情绪,即有条件的利他惩罚有效缓解了被试的负性情绪,$t(25) = 4.894$,$p < 0.01$;在无条件惩罚条件下,被试在利他惩罚前的负性情绪要显著高于在利他惩罚后的负性情绪,有条件的利他惩罚有效缓解了被试的负性情绪,$t(25) = 4.805$,$p < 0.01$。

将即时情绪指标作为因变量,将利他惩罚前后的两次时间点作为被试内变量,将惩罚有无代价作为被试间变量,则为 2×2 混合实验设计。

重复测量方差分析结果显示,交互效应不显著,$F(1, 50) = 0.085$,$P = 0.772$;利他惩罚前后的时间点主效应显著,$F(1, 50) = 46.858$,$P < 0.01$;惩罚有无代价主效应不显著,$F(1, 50) = 1.049$,$P = 0.311$。结果显示,无论是在有代价的利他惩罚还是无代价的利他惩罚条件下,只要被试实施了利他惩罚这一行为,就会显著减少被试的负性情绪。而利他惩罚的代价的大小,和负性情绪的减少关联不显著。这与前人的研究结果并不一致,在 Feinberg 等人的研究中,利他惩罚代价和利他惩罚前后的主效应是显著的。这可能与实验具体操作有关,前人的研究是以时间成本作为利他惩罚的代价的,而本研究为了操作更加量化,是以金钱作为利他惩罚的代价的,并且潜在的获益者也是以损失金钱为代价。

将负性情绪缓解这一指标作为因变量,将利他惩罚是否有代价作为自变量进行方差分析,结果显示主效应不显著,即利他惩罚的代价的大小与负性情绪的缓解关联不大。

5.1.3.2 惩罚有无代价对惩罚力度的影响

在有代价惩罚阶段,当观察者用掉一个金币,会相应使不当获益者损失3个金币,所以,在这一实验情境中,观察者用掉的金币数量的3倍就是对不当获益者的惩罚的金币数量,也就是惩罚的力度。在无代价惩罚阶段,观察者不用付出金币,就可以对不当获益者进行任意数额金币的惩罚,这也是利他惩罚的力度。

用惩罚力度作为因变量,有无代价作为自变量进行单因素方差分析,结果显示主效应显著,$F(1,50)=10.297$,$P<0.01$。这说明,惩罚有无代价,对惩罚力度的影响是显著的。有代价条件下的惩罚力度($M=11.077$,$SD=5.00$)要显著小于无代价条件下的惩罚力度($M=17.154$,$SD=8.27$)。

这说明在有代价惩罚的条件下,人们因为要付出自己的成本才有可能对群体的公平进行维护,出于对自己利益的考虑和群体公平的双重需要,人们对潜在获益者的惩罚往往受到限制,而在实验2中,对不当获益者的惩罚是信用惩罚,而被试自己可以对自己付出的代价进行定义,这样,就没有观察者和不当获益者损失钱币的直接的线性联系,这样,更能够考察出有代价惩罚和无代价惩罚对惩罚力度的影响。

惩罚有无代价对惩罚力度有显著影响,但是在被试的负性情绪缓解这一变量上并没有显著差异,这说明,无论是有代价惩罚还是无代价惩罚,被试都已经完成了利他行为,情绪的缓解是由利他这个事实决定的,而不是由惩罚这一事实决定的。

5.1.3.3 公平感的作用

在营造了不公平氛围后,研究者考察了被试在这一情境中的公平追求,即在本情境中的公平感:"你认为在本轮游戏中,信托人应该给投资人回报多少金币才是公平的?"题目共有4个选项,分别为0,10(所有金币的三分之一),15(所有金币的二分之一),20(所有金币的三分之二)。请被试进行迫选。研究者将选择10的被试定义为低公平感被试,将选择20的被试定义为高公平感被试,继续进行分类考察。

经过数据分析,在本次实验数据中,高公平感被试有24名,低公平感被试有10名。在34人中,有代价惩罚的有18人,无代价惩罚的有16人。

以惩罚力度作为因变量,以惩罚有无代价作为自变量,以公平感作为自变量,做两因素完全随机方差分析,结果显示,惩罚有无代价主效应不显著($F = 2.229$,$P = 0.146$),这和上一小节得出的结果不一致,很可能是由于数据量过小导致。公平感的主效应显著($F = 8.274$,$P < 0.01$),两者的交互作用边缘显著($F = 2.457$,$P = 0.1$)。在上一小节的讨论中,惩罚有无代价对惩罚力度的影响是显著的。如果基于这一结果,那么,公平感在其中起调节作用。从结果显示来看,在无代价惩罚阶段,高公平感的被试的惩罚力度($M = 9.4$,$SD = 2.825$)要显著高于低公平感的被试的惩罚力度($M = 20$,$SD = 1.905$);同样,在有代价惩罚阶段,高公平感的被试的惩罚力度($M = 9.6$,$SD = 2.825$)也高于低公平感的被试的惩罚力度($M = 12.692$,$SD = 1.752$)。

5.1.4 讨论

本实验主要考察了在网络环境中,当有不公平事件发生时,被试的利他惩罚行为,当被试对不当获益者的惩罚是以金钱为衡量标准时,惩罚有无代价对利他惩罚的影响以及对情绪和结果预期的影响。根据实验设计,本实验采用改进后的信任多重博弈实验,增加了观察者,即利他惩罚者的角色。所有的被试都是利他惩罚者。

通过对利他惩罚前后和利他惩罚有无代价的负性情绪的比较,被试在利他惩罚前的负性情绪要显著高于利他惩罚后的负性情绪,即利他惩罚显著降低了被试的负性情绪。而利他惩罚有无代价对被试的负性情绪并无显著影响。通过此结论,研究者认为,当对不当获益者的惩罚是金钱惩罚时,不当获益者的金钱的减少就是利他行为的成功表现,被试的负性情绪是由于不当获益者的金钱获益而起,当金钱获益消失后,即时的负性情绪相应就会减少。而惩罚的代价在被试看来,与自己的负性情绪并无直接关联。这说明被试的关注点是放在对不当获益者的惩罚,即这种潜在的利他行为上的。

5 研究一：网络环境中利他惩罚的存在性

在对惩罚力度的考察中，实验结果显示，有代价惩罚的惩罚力度要显著小于无代价惩罚的惩罚力度，即被试自己要付出金钱时，对被试的惩罚力度相应会减少。在本实验设计中，为了形成关联，实验设计规定，在有代价惩罚阶段，被试要自己损失1个金币，不当获益者才能损失3个金币。这说明在有代价惩罚的条件下，人们因为要付出自己的成本才有可能对群体的公平进行维护，出于对自己利益的考虑和群体公平的双重需要，人们对潜在获益者的惩罚往往受到限制。

惩罚有无代价对惩罚力度有显著影响，但是在被试的负性情绪缓解这一变量上并没有显著差异，这说明，无论是有代价惩罚还是无代价惩罚，被试都已经完成了利他行为，情绪的缓解是由利他这个事实决定的，而不是由惩罚这一事实决定的。

在对公平感的考察中，研究发现，在无代价惩罚阶段，高公平感的被试的惩罚力度要显著高于低公平感的被试的惩罚力度；同样，在有代价惩罚阶段，高公平感的被试的惩罚力度也高于低公平感的被试的惩罚力度。这也就说明高公平感的被试在不公平环境中会被激起更多的负性情绪，对不当获益者有更高的惩罚力度。公平感在惩罚有无代价对惩罚力度的影响中起调节作用。

5.2 以信用为媒介的网络利他惩罚

在真实的网络环境当中，由于网络环境的虚拟性和远程性，以及助人的迷惑性、广泛性和非物质性的特点，惩罚代价的无形性和惩罚指向的分散性的特点，当助人者（即利他惩罚者）有利他惩罚的行为时，也很难对不当获益者有金钱上的影响，并且金钱的损失是短暂的，网络环境有一次博弈性的特点。尽管在这个网络环境中有物质损失，可能并不能改变或者矫正环境的不公平现象。

前人有研究表明，名誉性的惩罚可以将群体约束在一起，增强社会规范和规则，并且排斥那些改变了群体水平期望的人（Baumeister, Zhang, & Vohs, 2004）。在实验1中，助人者对不当获益人的惩罚金额与助人者的付出是呈比例的，这一点有可能制约助人者的行为。在真实网络环境中，网络利他惩罚具有惩罚代价的无形性的特点，如果对不当获益人的惩罚是对其名誉系统的定位或描述，那么他的这个标签也会被其他的游戏参与者看到，对于不当获益者的惩罚将是长期性的。由于这一长期性的特点，以及金钱损失比例取消的原因，无论利他惩罚者自己有没有金钱损失，他们的关注点在于是否对不当获益进行标签认定和对后来人的提醒上，那么有可能惩罚力度并没有显著性差异。

所以在实验2中，研究者将研究设计修改为将不当获益者的金钱损失转化为信用损失，并且将两者之间的付出比例取消，请被试自己判断，自己能够付出的代价是多少，以此来考察被试的的利他惩罚的自发性。

实验2：在以信用为媒介的网络环境中，有无代价对利他惩罚的影响。

5.2.1 研究目的和假设

本实验主要考察在以信用为媒介的网络环境中，惩罚有无代价对利他惩罚的影响以及对情绪和结果预期的影响。

假设1：在网络环境中，当有不公平事件发生时（即在网络一次博弈事件中，参与者的利益受到侵害），在有偿利他惩罚的情境下，对不当获益人的信用惩罚的力度与无偿利他惩罚的力度并没有显著差异，与金钱的惩罚是不同的。

假设2：在被试进行利他惩罚之后，被试的负性情绪会显著下降。

假设3：有代价利他惩罚会比无代价利他惩罚释放更多的负性情绪。

5.2.2 研究方法

5.2.2.1 被试

50名大学生参加实验，其中男生25名，女生25名。所有实验对象均为海报招募，实验完成后获得一定数量的报酬。

5.2.2.2 实验变量和设计

自变量：惩罚是否有代价（被试间变量），利他惩罚前后时间点（被试间变量）

因变量：①对搭便车的人是否进行惩罚（是，否）
②惩罚的信用额度
③被试的即时情绪指标
④被试的负性情绪释放指标

该实验为两因素混合实验设计。

5.2.2.3 实验程序

被试被告知参加网络投资实验（实验2的程序截图见附件二）。在网络投资游戏中，有三个角色：一个角色是投资人，一个角色是信托人，一个角色是观察者。不同的网络互动游戏中，角色的数量不同。在本实验中，有两个投资人——投资人A和投资人B，一个信托人和一个观察者。

游戏分为两轮，投资环节和回报环节。投资人角色的目的就是在投资环节判断信托人是否可信，并根据规则来判断应该做何种投资可以获得最大的收益。而信托人的角色在最初并未分配到金币，他的金币是依靠投资人的投资和规则翻倍而获得的。信托人角色的任务是根据规则和投资人的投资来决定返回金钱的数量。在本研究中，研究者加入观察者这一角色。根据前人的研究，研究者将观察者的任务指定为：观察者在这个游戏中充当观察员和监督员的角色。每个观察者在游戏进行过程中可以看到所有的投资回报情况，并有对违反游戏规则的人进行惩罚以保证游戏正常进行的权利。（投资人、信托人、观察者这三个角色的任务会以单独的一页纸呈现出来，详见附件一）

在每一轮实验开始之前，投资人和旁观者两个角色都会各自得到10个金币。在投资环节如果投资人向信托人投资A个金币，信托人就会得到3A个金币。在回报环节，信托人就要选择将多少金币返还给投资人（因为他所有的钱都是由于投资人的投资得来的），前人研究认为，人们最多的返还的比例是30%左右（研究文献）。在正式实验开始之前，研究者会通过一个问题来确认被试都真正明白了投资回报任务的实质，被试会回答问题，当答案正确时（答案是唯一的），被试才可以进行下一步。在程序中，会有这样一个问题："例如，在投资环节，投资人有 10 个金币，信托人有 0 个金币。投资人向信托人投资 5 个金币，这时，投资人有几个金币，信托人有几个金币。"正确答案分别是 5 和 15。只有当答案正确时，才可以进行下一步。

在实验情境中，由于研究需要，所有被试都被分配为观察者。在实验情境中，由于要创造不公平情境，研究者设计信托人在第一轮投资回报的环节中回报为 0。研究者认为，这样就通过不公平的回报创造了网络不公平环境。这时，实验考察被试的一系列指标：公平追求和面对不公平事件的即时情绪。

公平追求题目："你认为在本轮游戏中，信托人应该给投资人回报多少金币才是公平的？"题目共有 4 个选项，分别为 0，10（所有金币的三分之一），15（所有金币的二分之一），20（所有金币的三分之二）。请被试进行迫选。研究者将选择 10 的被试定义为低公平感被试，将选择 20 的被试定义为高公平感被试，在后续研究中继续分类统计考察。

被试的即时情绪指标题目："请被试为自己的情绪打分：受挫折程度、苦恼程度和被激怒程度（从 0 到 100 进行描述）。"有研究认为，通过这三种情绪的拟合，可以得到一个负性情绪的综合值，来考察人们面对不公平事件的情绪变化（Feinberg，2012）。

下一个界面将是研究者对实验的控制，被称为观察者任务二。在实验情境一中会出现，即当被试进行有代价惩罚（被试对信托人的惩罚要花费被试自己的金币）时，被试对信托人的惩罚程度。在界面中显示：你在这个时候有机会对违反规则的人进行惩罚，以维护整个游戏的公平。然后电脑显示"系统随机给你分配旁观者的权限"，"你的任务是有代价惩罚，你需要付出一点金币以获得对信托人进行评价的权限。这个数额是保密的，将根据你对信托人评价的分值有所变化。你对信托人的信誉评价越低，你付出的金额可能就越大。（注意：点击提交后不能更改，这个评价信托人与观察者都可以看到）""你首先对信托人的信用进行评价，1（很没有信用）到 7（很有信用）"；"你愿意为这个评价付出的金币数额（从 1 到 10）"。被试填写完毕后点击提交。界面会出现提交通过。实际上无论被试填写的金额数额为多少，只要大于 0，都会显示"提交通过"。

在实验情境二中会出现，当被试是无代价惩罚（被试对信托人的惩罚不需要付出金币）时，被试对信托人的惩罚程度。在界面中显示："你在这个时候有机会对违反规则的人进行惩罚，以维护整个游戏的公平。"然后电脑显示"系统随机给你分配旁观者的权限"，"你的任务是无代价惩罚，你不需要任何代价就可以获得对信托人的惩罚权限（注意：点击提交后不能更改，这个评价信托人与观察者都可以看到）"，"请对信托人进行评价，1（很没有信用）到7（很有信用）"。被试填写完毕后点击提交。界面会出现"提交通过"。

在下一个界面（观察者任务三），请被试评估，他认为利他惩罚对整个规则有多大的意义。由三道题组成：（1）你认为这个惩罚方式对信托人的约束作用有多大？（从1到100）（2）你认为这个惩罚方式对整个投资回报的作用有多大？（从1到100）（3）你认为你的这个行为对整个组织的公平有多大的促进作用？（从1到100）由这三道题目共同组成利他惩罚信念的指标。

在观察者任务四中，观察者被要求填写在行使观察者权力后的情绪状况（同上），并填写负性情绪释放问卷。负性情绪释放问卷共有两个题目：（1）当你行使了惩罚权力之后，你的情绪有多大程度的释放？（2）总的来说，你的感觉好了几分？（请从0到100进行评价）

当观察者填写完所有的问卷之后，点击下一步，继续观看投资人B和信托人的游戏，这时界面提醒网络互动任务结束。

在结果的收集中，我们共收集到以下几组数据：①被试的公平追求感指标；②即时情绪一（利他惩罚前）；③即时情绪二（利他惩罚后）；④利他惩罚成功信念；⑤负性情绪释放指标；⑥对信托人的惩罚力度。

5.2.3 实验结果与分析

通过实验结束后对被试的访谈来判断被试是否真正理解在程序中所要填写的内容，经过审核，共有42名被试并没有怀疑实验目的，结果符合要求，因此在实验1中，共有有效数据42份。

5.2.3.1 利他惩罚中即时情绪的缓解

首先，将利他惩罚之前和利他惩罚之后被试填写的综合即时情绪的指标拟合成一个关于负性情绪的指标,利他惩罚之前的情绪克伦巴赫系数为0.883,

利他惩罚之后的克伦巴赫系数为 0.915，拟合指标较好。同时将负性情绪释放问卷的两个题目结果拟合为负性情绪释放指数（$\alpha = 0.895$）。

在有条件惩罚条件下，将被试在利他惩罚前的即时情绪与利他惩罚后的即时情绪做配对样本 T 检验，结果显示，被试在利他惩罚前的负性情绪要显著高于利他惩罚后的负性情绪，即有条件的利他惩罚有效缓解了被试的负性情绪，$t(21) = 6.988$，$p < 0.01$。在无条件惩罚条件下，被试在利他惩罚前的负性情绪要显著高于利他惩罚后的负性情绪，无条件的利他惩罚有效缓解了被试的负性情绪，$t(19) = 4.539$，$p < 0.01$。

将即时情绪指标作为因变量，将利他惩罚前后的两次时间点作为被试内变量，将惩罚有无代价作为被试间变量，则为 2×2 混合实验设计。

重复测量方差分析结果显示，交互效应不显著，$F(1, 40) = 0.535$，$P = 0.469$。利他惩罚前后的时间点主效应显著，$F(1, 40) = 63.274$，$P < 0.01$。惩罚有无代价主效应显著，$F(1, 40) = 11.081$，$P < 0.01$。

结果显示，无论是有代价的利他惩罚还是无代价的利他惩罚，只要被试进行了利他惩罚这一行为，其负性情绪就会显著减少。

而利他惩罚的代价的大小也显著影响被试的负性情绪的减少程度。这与 Feinberg 等人的研究结果一致。在 Feinberg 的研究中是以名誉管理作为利他惩罚的代价的，而在本书的实验 1 中，为了使操作更加量化，是以金钱作为利他惩罚的代价，并且潜在的获益者也是以损失金钱为代价，但是利他惩罚的代价这一因素的主效应不显著。在将信用设置为利他惩罚的力度考核指标之后，由于利他惩罚者所损失的金币是自己选择的，可能会有更强的主观的利他认知，所以负性情绪的减少也是显著的。

5.2.3.2 惩罚有无代价对惩罚力度的影响

在有代价惩罚阶段，被试得知自己对不当获益者的信用评价是需要付出一定代价的，但是在这一阶段，被试被要求填写自己可以接受的金额，实际上，只要金额大于零，都会显示提交通过。所以，被试填写的提交金额就可以看作被试为了对不当获益者进行信用评级的付出，平均为 6.08。将这一组结果与金钱这一变量的中值 5 进行 one-way T 检验，$t(21) = 16.137$，$p < 0.01$，说明被试为了能够对不当获益者进行信用惩罚更倾向于付出较高的代价。

在无代价惩罚阶段，观察者不用付出金币，就可以对不当获益者进行任意数额金币的惩罚，这也是利他惩罚的力度。

用惩罚力度（信用评价）作为因变量，有无代价作为自变量进行单因素方差分析，结果显示主效应不显著，$F(1, 41) = 0.921$，$P = 0.343$。这说明，惩罚有无代价对惩罚力度的影响是不显著的。这与实验2的假设是一致的。

5.2.4 讨论

本实验主要考察了在网络环境中，当有不公平事件发生时被试的利他惩罚行为，当被试对不当获益者的惩罚是以信用为衡量标准时，惩罚有无代价对利他惩罚的影响以及对情绪和结果预期的影响。根据实验设计，本实验采用改进后的信任多重博弈实验，增加了观察者，即利他惩罚者的角色。所有的被试都是利他惩罚者。在对不当获益者的惩罚阶段，设定为对不当获益者进行信用评价。与实验1不同的是，在有代价阶段，信用评价的高低与观察者的利他代价并无直接线性联系，是由观察者自己对利他代价进行定位的。

在对被试的负性情绪进行考察的结果中，将即时情绪指标作为因变量，将利他惩罚前后的两次时间点作为被试内变量，将惩罚有无代价作为被试间变量，结果显示，被试在进行利他惩罚后的负性情绪要显著低于利他惩罚之前，这与实验1的结果是一致的。结果显示有代价惩罚的负性情绪要显著低于无代价惩罚的负性情绪。这与实验1的结果并不一致，但是与Feinberg等人的研究结果一致。在Feinberg的研究中是以名誉管理作为利他惩罚的代价的，在本实验中则以信用作为利他惩罚的力度考核指标，由于对不当获益者的信用评价信托人和新的投资人都可以看到，这就涉及两个含义，一是对不当获益者的惩罚，二是对潜在受害人的提醒。因为新投资人是可以看到观察者对其的信用评价的，这与网络购物的评价非常相似。新的潜在客户会看到老客户对商家过往行为的评价。这一评价的作用不仅仅是对不当获益者的惩罚，更多的是对潜在受害者的警醒。基于此，在有代价惩罚阶段，被试尽管付出了金币，但是金币的付出使之更能够确认自己行为的作用，又能惩罚不当获益者，又能帮助潜在受害者，被试的负性情绪降低的程度更大。

在对被试愿意付出的利他惩罚代价的考核阶段，研究结果显示被试为了能够对不当获益者进行信用惩罚，更倾向于付出较高（显著高于中值）的代价。用惩罚力度（信用评价）作为因变量，有无代价作为自变量进行单因素方差分析，结果显示，惩罚有无代价，对惩罚力度的影响是不显著的。这与实验1的结果并不一致。在实验1中，在有代价惩罚的条件下，人们因为要付出自己的成本才有可能对群体的公平进行维护，出于对自己利益考虑和群体公平的双重需要，人们对潜在获益者的惩罚往往受到限制。而在实验2中，对不当获益者的惩罚是信用惩罚，而被试自己可以对自己付出的代价进行定位，这样就没有观察者和不当获益者损失钱币的直接的线性联系。当惩罚的力度为信用惩罚这一长期惩罚之后，利他惩罚的代价并不能成为左右惩罚力度的因素的时候，利他惩罚才能促进群体的公平，有长效的可能性。

惩罚有无代价对惩罚力度没有显著影响，但是在被试的负性情绪缓解这一变量上有显著差异。这说明当信用成为惩罚力度的因素之后，金钱的付出会使被试更加相信利他惩罚的作用，有代价的利他惩罚更能够保证信用评价的生效。

从实验1和实验2结论的对比来看，信用惩罚对整个群体的公平维护更能够起作用。让助人者适当付出一定的代价（时间或金钱等），会增加助人者对公平维持的确认，更有助于负性情绪的缓解。当然，这一代价的付出要建立在对不当获益者的信用评价生效的基础上。

5.3 网络环境中，是选择金钱，还是选择信用

在实验3中，研究者创设了更为真实的情境，当有不公平事件发生后，观察者对不当获益人的惩罚既涉及金钱惩罚又涉及信用惩罚，并考察在什么样的情况下金钱惩罚更有效果，在什么样的情况下信用惩罚更有效果。

实验3：在以信用和金钱为媒介的网络环境中，有无代价对利他惩罚的影响。

5.3.1 研究目的和假设

本实验主要考察在以金钱和信用为媒介的网络环境中,惩罚有无代价对利他惩罚的影响以及对情绪和结果预期的影响。

假设 1:在以金钱为媒介的惩罚中,在有偿利他的情境下,惩罚的力度会显著大于无偿利他的力度。

假设 2:在以信用为媒介的惩罚中,在有偿利他的情境下,惩罚的力度与无偿利他的力度并无显著差异。

假设 3:在被试对不公平事件进行惩罚之前与之后,被试的情绪指标有显著性差异。

假设 4:无论是有代价利他还是无代价利他,人们更倾向于选择信用惩罚。

5.3.2 研究方法

5.3.2.1 被试

50 名大学生参加实验,其中男生 26 名,女生 24 名。所有实验对象均为海报招募,实验完成后获得一定数量的报酬。

5.3.2.2 实验变量和设计

自变量:惩罚是否有代价(被试间变量),利他惩罚前后时间点(被试间变量),公平感(被试间变量)

因变量:①惩罚力度
②被试利他惩罚的代价(金额)
③被试的即时情绪指标
④被试的负性情绪释放指标

该实验为两因素混合实验设计。

5.3.2.3 实验程序

程序的前半部分与实验1、实验2相同,都通过网络信任博弈实验创造不公平环境。由于研究需要,所有被试都被分配为观察者。在实验情境中,由于要创造不公平情境,研究者设计信托人在第一轮投资回报的环节中回报为0。

观察者任务一为请被试填写一系列指标:公平追求和面对不公平事件的即时情绪。

公平追求题目:"你认为在本轮游戏中,信托人应该给投资人回报多少金币才是公平的?"题目共有4个选项,分别为0,10(所有金币的三分之一),15(所有金币的二分之一),20(所有金币的三分之二)。请被试进行迫选。研究者将选择10的被试定义为低公平感被试,将选择20的被试定义为高公平感被试,在后续研究中继续分类统计考察。

被试的即时情绪指标题目:请被试为自己的情绪打分:受挫折程度、苦恼程度和被激怒程度(从1到100进行描述)。有研究认为,通过这三种情绪的拟合,可以得到一个负性情绪的综合值,来考察人们面对不公平事件的情绪变化(文献)。

下一个界面将是研究者对实验的控制,被称为观察者任务二。在实验情境一中会出现,即当被试是有代价惩罚时(被试对信托人的惩罚要花费被试自己的金币),被试对信托人的惩罚程度。在界面中显示:"你在这个时候有机会对违反规则的人进行惩罚,以维护整个游戏的公平。"然后电脑显示"系统随机给你分配旁观者的权限",你的任务是有代价惩罚,你要付出一点金币以获得对信托人的惩罚权限,你付出的金币数量由你自己决定。当然,你对信托人的惩罚程度越高,你付出的金币数额越大。你的惩罚方式有两种:①金币惩罚;②信用惩罚。请完成如下三道题。

(1)金币惩罚。你要付出一点金币以获得扣除信托人金币的权限,如你扣除1个金币,信托人就会减少5个金币,请你写出你愿意付出的金币数量(从0到10)。

(2)信用惩罚。你需要付出一点金币以获得对信托人进行评价的权限。这个数额是保密的,将根据你对信托人评价的分值有所变化。你对信托人的信誉评价越低，你付出的金额可能就越大（注意：点击提交后不能更改，这个评价信托人与观察者都可以看到）。首先请你对信托人的信用进行评价，1（很没有信用）到7（很有信用）；你愿意为这个评价付出的金币的数额（从1到10）。被试填写完毕后点击提交。界面会出现"提交通过"。实际上无论被试填写的金额数额为多少，只要大于0，都会显示"提交通过"。接下来就会出现第三个问题，在这种情况下，如果只能选择一种惩罚方式，你更愿意选择哪种方式？①金币惩罚；②信用惩罚。被试选择后，点击提交，页面显示"提交成功"，才可以进行下一步。

在实验情境二中会出现，当被试是无代价惩罚（被试对信托人的惩罚不需要付出金币）时，被试对信托人的惩罚的程度。在界面中显示："你在这个时候有机会对违反规则的人进行惩罚，以维护整个游戏的公平。"然后电脑显示"系统随机给你分配旁观者的权限"，你的任务是无代价惩罚，你无须付出任何代价就可以惩罚信托人以维护整个游戏的公正公平。你的惩罚方式有两种：①金币惩罚；②信用惩罚。请完成如下三道题。

（1）金币惩罚。你可以任意减少信托人的金币数量，以作为对信托人在游戏中的欺骗行为的惩罚，请你填写你要扣除的信托人的金币数目（从0到30）。

（2）信用惩罚。你不需要付出金币，就获得了评价信托人信用的权限，你可以从1到7（从很没有信用到很有信用）对信托人进行评价，这个评价信托人和其他投资人都可以看到。

（3）在这种情况下，如果只能选择一种惩罚方式，你更愿意采用哪种方式进行惩罚？①金币惩罚；②信用惩罚。被试填写完整后，才可以点击进行下一步。

在下一个界面（观察者任务三），请被试评估，他认为利他惩罚对整个规则有多大的意义。由三道题组成：（1）你认为这个惩罚方式对信托人的约束作用有多大？（2）你认为这个惩罚方式对整个投资回报的作用有多大？（3）你认为你的这个行为对整个组织的公平有多大的促进作用？（请从1到100进行评价）由这三道题目共同组成利他惩罚信念的指标。

在观察者任务四中，观察者被要求填写在行使观察者权力后的情绪状况（同上），并填写负性情绪释放问卷。负性情绪释放问卷共有两个题目：（1）当你行使了惩罚权利之后，你的情绪有多大程度的释放？（2）总的来说，你的感觉好了几分？（请从 1 到 100 进行评价）。

当观察者填写完所有的问卷之后，点击下一步，继续观看投资人 B 和信托人的游戏，这时界面提醒网络互动任务结束。

在结果的收集中，我们共收集到以下几组数据：①被试的公平追求感指标；②即时情绪一（利他惩罚前）；③即时情绪二（利他惩罚后）；④利他惩罚成功信念；⑤负性情绪释放指标；⑥对信托人的惩罚力度。

5.3.3 实验结果与分析

通过实验结束后对被试的访谈来判断被试是否真正理解在程序中所要填写的内容，经过审核，共有 43 名被试（男 21，女 22）没有怀疑实验目的，结果符合要求，因此在实验 3 中，共有效数据 42 份。

5.3.3.1 *利他惩罚中即时情绪的缓解*

首先，将利他惩罚之前和利他惩罚之后被试填写的综合即时情绪的指标拟合成一个关于负性情绪的指标，利他惩罚之前的情绪克伦巴赫系数为 0.889，利他惩罚之后的克伦巴赫系数为 0.867，拟合指标较好。同时将负性情绪释放问卷的两个题目结果拟合为负性情绪释放指数（$\alpha = 0.946$）。

在有条件惩罚条件下，将被试在利他惩罚前的即时情绪与利他惩罚后的即时情绪做配对样本 T 检验，结果显示，被试在利他惩罚前的负性情绪（$M = 50.75$）要显著高于利他惩罚后的负性情绪（$M = 24.82$），即有条件的利他惩罚有效缓解了被试的负性情绪，$t(23) = 5.251$，$p < 0.01$；在无条件惩罚条件下，被试在利他惩罚前的负性情绪（$M = 48.53$）要显著高于利他惩罚后的负性情绪（$M = 26.07$），无条件的利他惩罚有效缓解了被试的负性情绪，$t(19) = 4.539$，$p < 0.01$。

将即时情绪指标作为因变量，将利他惩罚前后的两次时间点作为被试内变量，将惩罚有无代价作为被试间变量，则为 2×2 混合实验设计。

重复测量方差分析结果显示，交互效应不显著，$F(1, 41) = 0.316$，$P = 0.577$；利他惩罚前后的时间点主效应显著，$F(1, 41) = 61.334$，$P < 0.01$；惩罚有无代价主效应不显著，$F(1, 41) = 0.005$，$P = 0.943$。

结果显示，无论是有代价的利他惩罚还是无代价的利他惩罚，只要被试进行了利他惩罚这一行为，就会显著减少被试的负性情绪。

将负性情绪缓解这一指标作为因变量，将利他惩罚是否有代价作为自变量进行方差分析显示，主效应不显著，即利他惩罚代价的大小与负性情绪缓解的关联不大。

5.3.3.2 当惩罚力度为金钱时，惩罚有无代价对惩罚力度的影响

在有代价惩罚阶段，当观察者用掉一个金币，会相应使不当获益者损失3个金币，所以，在这一实验情境中，观察者用掉的金币数量的三倍就是对不当获益者的惩罚的金币数量，也就是惩罚的力度。在无代价惩罚阶段，观察者不用付出金币，就可以对不当获益者进行任意数额金币的惩罚，这也是利他惩罚的力度。

将惩罚力度作为因变量，有无代价作为自变量进行单因素方差分析，结果显示主效应显著，$F(1, 41) = 26.171$，$P < 0.01$。这说明，惩罚有无代价对惩罚力度的影响是显著的。在有代价条件下的惩罚（$M = 11.84$，$SD = 5.00$）要显著小于无代价条件下的惩罚（$M = 21.29$，$SD = 8.27$）。

5.3.3.3 当惩罚力度为信用时，惩罚有无代价对惩罚力度的影响

在有代价惩罚阶段，被试得知自己对不当获益者的信用评价需要付出一定的代价，但是在这一阶段，被试被要求自己填写自己可以接受的金额，实际上，只要金额大于零，都会显示提交通过。所以，被试填写的提交金额就可以看作被试为了对不当获益者进行信用评级的付出，平均为4.05。将这一组结果与金钱这一变量的中值5进行one-way T检验，$t(18) = 10.3$，$p < 0.01$，说明被试为了能够对不当获益者进行信用惩罚，更倾向于付出较低的代价。这与实验2的结果是不一致的。这可能与被试同时进行了金钱惩罚和信用惩罚两种惩罚有关。被试在金钱惩罚阶段已经损失金钱，在信用惩罚阶段不愿意有更多的金钱损失。

在无代价惩罚阶段，观察者不用付出金币，就可以对不当获益者进行任意数额金币的惩罚，这也是利他惩罚的力度。

将惩罚力度（信用评价）作为因变量，有无代价作为自变量进行单因素

方差分析，结果显示主效应不显著，$F(1, 42) = 0.533$，$P = 0.469$。这说明，惩罚有无代价，对惩罚力度的影响是不显著的。这与实验2的结果是一致的。这说明，当惩罚媒介是信用时，无论被试是否需要付出代价，结果是相对一致的，也可以理解为是相对公平的。

5.3.3.4 选择信用还是选择金钱

在无代价惩罚阶段和有代价惩罚阶段，被试选择金钱惩罚和信用惩罚的次数见表5-1。

利用非参数检验，得出结论，双尾检验结果为$Z = -0.857$，$p < 0.01$，说明有显著差异。

目前将金钱选择和信用选择作为因变量，将金钱惩罚、信用惩罚、对惩罚结果的期待等作为自变量进行方差分析，均得出差异不显著的结论。所以，在什么情况下人们会选择金钱惩罚，什么情况下人们会选择物质惩罚，并没有得出明确的结论。

表5-1 选择金钱惩罚和信用惩罚的次数

类型	金钱	信用	合计
有代价惩罚	9	10	19
无代价惩罚	10	14	24
	19	24	43

5.3.4 讨论

实验3创造了更真实的情境，将金钱惩罚与信用惩罚同时供被试选择，考察当对不当获益者同时进行两种惩罚时，被试的惩罚力度和情绪变化。研究结果发现，在以金钱为媒介的惩罚中，在有偿利他的情境下，惩罚的力度会显著大于无偿利他的力度。在以信用为媒介的惩罚中，在有偿利他的情境下，惩罚的力度与无偿利他的力度并无显著差异。这与实验2的结果是一致的。这说明，当惩罚媒介是信用时，无论被试是否需要付出代价，结果是相对一致的，也可以理解为是相对公平的。

但是在混合情境中，被试为了能够对不当获益者进行信用惩罚，更倾向于付出较低的代价。这与实验2的结果是不一致的。这可能与被试同时进行了金钱惩罚和信用惩罚两种惩罚有关。被试在金钱惩罚阶段已经损失金钱，在信用惩罚阶段不愿意有更多的金钱损失。

对负性情绪进行考察的结果表明，在被试对不公平事件进行惩罚之前与之后，被试的情绪指标有显著性差异。利他惩罚是否有代价并没有起显著影响，这与实验2的结果也并不一致，但是与实验1的结果是一致的。在混合情境中，当被试需要付出金钱对不当获益的人进行惩罚，并同时提醒潜在受害者时，被试并未对自己的的损失产生过多的情绪变化，情绪的变化主要是由利他这一行为引起的。

关于被试是更倾向于金钱惩罚还是信用惩罚这一假设，本实验并未得出更多结论，在混合情境中，利他惩罚的影响因素也很多。研究者将在研究二中探讨网络环境中利他惩罚的影响因素，期待得到更多结果。

6 研究二：网络环境下利他惩罚的影响因素

网络环境中的利他惩罚存在与否，与利他惩罚的过程密不可分。利他惩罚是一种特殊的利他行为。借鉴对利他行为的影响因素的研究，从利他惩罚的人格特质、情境因素和利他者与受助者之间的关系入手，研究在网络环境中，什么情况更能促使利他惩罚的出现。

6.1 特质移情对利他惩罚的影响：社会价值取向的调节作用

实验4：物质移情对利他惩罚的影响：社会价值取向的调节作用。

6.1.1 研究目的和假设

通过对研究一的结果的分析，研究者认为，在不公平环境中，人们会产生负性情绪，这也是人们进行利他惩罚，维护社会公平的一个前提条件。而不同的人对相同的不公平环境的感受和知觉也是不同的，这就涉及被试的个性特点和气质类型。本研究将会研究被试的个性特点对利他惩罚程度的影响。

前人的研究表明：特质移情（trait empathy）是影响利他行为的重要变量。特质移情是一种认知他人观点，并能够理解他人感受的能力，能够促进亲社会行为的产生（Eisenberg, Fabes, & Spinrad, 2006）。之前有研究者认为，他是利他行为的重要因素。特质移情作为移情重要的一方面，是一种较为稳定的人格倾向，这种倾向使个体对不同的情境以较为一致的方式作出反应（Vreeke & Vander mark, 2003），并能显著地预测个体的助人行为。特质移情水平高的人，更倾向于宽恕他人，降低侵犯行为发生的概率（Schimel, Wohl & Williams, 2006）。个体的内隐的助人倾向与特质移情有密切关系。程德华、杨志良等人（2009）认为高特质移情的个体具有内隐助人的倾向，而低特质移情的个体的内隐助人倾向并不明显。但是，也有研究者认为，特质移情的发生只是让个体意识到对方需要帮助，而并非是促使当事人帮助他人的决定因素（Kenrick et al., 2009）。

Singer（2006）指出，共情作为一种对他人情绪和精神状态的理解以及对他人行为进行推测的能力，是自我与亲社会行为之间的一个重要中介变量（Davis, Kraus, & Ickes, 1997）。在自身利益不受博弈双方分配方案影响的第三方惩罚实验中，被试作为第三方通过观察博弈中分配方案提出者和接受者的行为，会对遭到不公正对待的受害者产生共情，去谴责或惩罚不公平分配方案的提出者（Buckholtz et al., 2008; Charness et al., 2008）。这体现了共情这种人的情绪体验与大脑边缘系统的密切关联，作为一种利他主义倾向，是人类本性的一个组成部分。而特质移情是产生共情的重要因素。所以研究特质移情与利他惩罚之间的关系很有必要。因此，本研究假设：特质移情可以显著预测利他惩罚行为。

而在对利他惩罚的研究中，有研究者认为社会价值取向是促使人们采用取他惩罚行动的重要因素，在一项试验中，高社会价值取向的人比低社会价值取向的人激起了更多的愤怒情绪，在采用利他惩罚手段后，愤怒情绪有更明显的释放的趋势。所以本书假设，社会价值取向是特质移情影响利他惩罚的调节变量。

在本研究中，自变量为特质移情，调节变量为社会价值取向，因变量为利他惩罚，见图6-1。

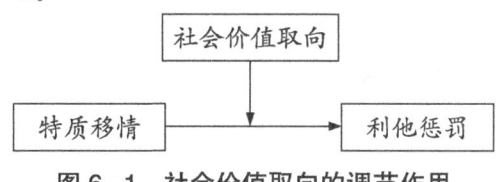

图6-1 社会价值取向的调节作用

6.1.2 研究方法

6.1.2.1 被试

调查对象为某两个高校心理健康教育课堂的学生，为获得课堂作业学分而参与调查，采用纸质问卷，共发放问卷 215 份，回收 215 份，对回收的问卷进行检查，剔除规律性作答和漏题较多的问卷，得到有效问卷 205 份，有效回收率为 95.3%。所有被试年龄在 17 岁到 32 岁之间，平均年龄为 21 岁，平均上网时间为 67.7 小时，其他被试信息见表 6-1。

表 6-1 被试基本情况（N = 205）

变量	属性	人数	比例（%）
性别	男	101	49.3
	女	99	48.3
	缺失	5	2.4
年级	大一	30	14.6
	大二	62	30.2
	大三	67	32.7
	大四	25	12.2
	研一	9	4.4
	研二	3	1.5
	研三	1	0.5
	其他	6	2.9
	缺失	2	1.0
专业	文科	42	20.5
	理科	53	25.9
	工科	74	36.1
	缺失	36	17.5

6.1.2.2 研究工具

特质移情量表:采用韩丽颖(2005)依据 Mehrabian 和 Epstein(1972)编制的移情量表修订的特质移情量表(韩丽颖,2005)。该量表共 28 道题目,如"看到人群中孤独的陌生人,我感到心情沉重",采用9点积分,从绝对反对到绝对赞成。得分越高,移情能力越高。重测信度为 0.60,每个题目与总量表的一致性信度都在 0.70 以上。

被试社会价值取向的测量:采用"三重对策矩阵"的方法来评价被试的社会价值取向,根据社会价值取向问卷的测量结果将被试划分为亲社会价值取向和个体价值取向两组。王重鸣、严进等人多次在其研究中都采用这种方法来测量个体的价值取向(严进和王重鸣,2000,2002,2003;Wang & Chen,2012)。具体测验矩阵见表6-2。

表6-2 社会价值取向矩阵示例

结果	例一		例二		例三	
	自己获益	他人获益	自己获益	他人获益	自己获益	他人获益
选择一	50	20	50	15	60	30
选择二	40	0	40	0	50	10
选择三	40	40	40	40	50	50

以上矩阵的规律为:选择一的自己获益是3个选择中最高的,选择二的自己获益与他人获益的差异是3个选择中最大的,选择三的双方获益之和是3个选择中最高的。测试时将三种选择的顺序随机打乱。不论是被试倾向于个人利益、群体利益还是与对手的得益差异,都只能倾向于其中的一种选择。如果倾向于选择一,被试个人的绝对获益最高,表明被试是个人主义取向;倾向于选择二,表明被试倾向于与别人竞争,是竞争型的价值取向;倾向于选择三的被试着重关心双方的共同利益,这样的被试有亲社会价值取向。基于全部被试社会价值取向测量的结果,按照 Dreu 与 McCusker 的标准(Dreu & McCusker,1997),将在 12 次决策中至少有 7 次做出一致决策的被试确定为具有较稳定价值取向的个体,而且根据本实验的研究目的,将个人型和竞争型被试作为一类,统称为个体价值取向型。通过分析被试的回答,可以得

出被试的社会价值取向得分。

利他惩罚结果测量：采用研究利他惩罚的经典范式——第三方惩罚，设计情境问卷。

第三方利他惩罚设计问卷根据王沛、陈莉等的实验问卷改编（Wang & Chen，2012）。

假设你现在是校园网使用的管理员。校园网举行网时回馈活动，免费赠送网时。小组中的每个成员都将免费获得一张 30 小时的校园网网卡，并招募成员参加抽奖活动，被抽中的人共同组成一个小组。网络中心鼓励小组用户将自己的网时转移到公共电子充值账户中为小组共有，公共电子充值账户接受转账即刻升值，将使小组公共网时增加一倍。增值后的公共网时将会平均分配到每个小组成员的个人网卡充值账户里。作为管理员，你可以看到所有人的充值情况。

同样，管理员有一项权限，可以向对公共账户充值最少的人进行惩罚。管理员共有五个层次的惩罚权限：分别使充值最少的人的网时减少 1/5, 2/5, 3/5, 4/5, 1。下面请回答两个问题：

（1）如果你是网络中心的管理员，你会对充值最少的人采取惩罚么？（是/否）

（2）你的惩罚程度是多少？（1/5；2/5；3/5；4/5；1）

6.1.2.3 统计方法

采用 SPSS 17.0 对数据进行统计分析，统计方法主要有描述统计、层级回归、方法分析。

6.1.3 结果与分析

6.1.3.1 描述性统计和相关分析结果

根据特质移情量表，通过对 205 名被试进行测量，可以得到被试的特质移情分数（$M = 155.87$，$SD = 13.7$，Range 为 117～203）；在对社会价值取向的测量中，按照 Dreu 与 McCusker 的标准（Dreu & McCusker, 1997），将在 12 次决策中至少有 7 次做出一致决策的被试确定为具有较稳定价值取向的个体,而且根据本实验的研究目的,将个人型和竞争型的被试作为一类,统称为个体价值取向型。通过被试的回答,可以得出被试的社会价值取向得分($M = 7.37$,$SD = 2.4$,Range 为 $0 \sim 10$)。根据被试情境选择,可以得出被试的利他惩罚分数($M = 2.36$,$SD = 1.68$,Range 为 $0 \sim 5$)。

采用 SPSS 17.0 对本研究中的三个核心变量——特质移情、社会价值取向、利他惩罚分数进行描述性统计和相关分析,具体结果见表 6-3。

表 6-3 描述性统计和相关分析结果(N = 205)

变量	平均数	标准差	1	2
特质移情	155.8049	13.70491	1.00	
社会价值取向	7.3659	2.40053	−0.003	1.00
利他惩罚	2.36	1.676	0.170*	0.319**

注:*: Correlation is significant at the 0.05 level (2-tailed); **: Correlation is significant at the 0.01 level (2-tailed).

由上表可以看到,特质移情与利他惩罚行为之间显著相关($r = 0.170$,$p < 0.05$),说明特质移情越高的人,越容易采取利他惩罚的行为。有研究认为,高特质移情的人在具体情境中会产生高状态移情,即有较高的共情和情绪反应,而这种情绪反应会促使他采取一系列措施来降低情绪反应,在本情境中,被试则会采取利他惩罚行为。社会价值取向与利他惩罚之间的相关显著,说明高社会价值取向的人($r = 0.319$,$p < 0.05$)更倾向于采用利他惩罚行为来促进社会公平。

6.1.3.2 特质移情对利他惩罚的影响

采用分层回归的方法,在控制人口统计学变量后,考察特质移情对利他惩罚的影响。根据研究结果,人口学变量可以解释总变异的 2%,加入自变量特质移情之后,所有变量共可解释总变异的 4.8%,与加入自变量物质移情以前相比,解释量的变化是显著的,$\triangle R^2 = 0.029$,$\triangle F = 5.90$,$P = 0.016$。由结果可以看出,特质移情对利他惩罚的回归系数是显著的,$\beta = 0.175$,$t = 2.428$,$p < 0.05$。这说明特质移情可以显著预测利他惩罚行为。

6.1.3.3 社会价值取向在特质移情对利他惩罚影响中的调节作用

首先将特质移情和社会价值取向看作连续变量(根据社会价值取向量表，可以将选择高社会价值取向的选项记为 1 分，其他记为 0 分，得出社会价值取向得分)。

采用温忠麟等提出的调节作用检验方法（温忠麟和侯杰泰，2005），首先将数据进行中心化处理，然后采用分层回归的方法，将去中心化处理后的特质移情和社会价值取向纳入回归方程，再将中心化后的两者乘积纳入回归方程，得出结论见表 6-4。

表 6-4　社会价值取向在特质移情对利他惩罚影响中的调节作用

模型	预测变量	标准回归系	t 值	R^2	F 值
1	特质移情 t	0.171	2.611**	0.131	15.241***
	社会价值取向 j	0.320	4.872***		
2	特质移情 t	0.171	2.611**	0.137	10.596***
	社会价值取向 j	0.321	4.903***		
	$t*j$	−0.074	−1.125		

注：*: Correlation is significant at the 0.05 level (2-tailed); **: Correlation is significant at the 0.01 level (2-tailed); ***: Correlation is significant at the 0.001 level (2-tailed).

根据表中的结果，特质移情和社会价值取向都显著影响利他惩罚，但是将两者中心化的乘积纳入回归方程之后，$\triangle R^2 = 0.005$，$\triangle F = 1.265$，$P = 0.262$，说明两者的交互作用对于利他惩罚的影响并不显著，这与假设并不相符。

在以往文献中，研究者根据社会价值取向得分，将人们分为两大类，即高社会价值取向（$j \geq 7$）、低社会价值取向（$j < 7$）（Wang & Chen，2012），并将特质移情根据前 27% 和后 27% 的原则分为高特质移情、低特质移情（韩丽颖，2005）。根据以往研究，研究者也将数据重新整理，按照高特质移情（$t \geq 163$）、低特质移情（$t \leq 148$）分组，并将利他惩罚中选择不惩罚的人删去，共筛选出被试 113 人，见表 6-5。

表 6-5 筛选后的被试人数

变量	低	高	总数
特质移情	57	56	113
社会价值取向	32	81	113

以利他惩罚为因变量,特质移情、社会价值取向为自变量做因素分析。结果显示,两者的交互作用边缘显著,$F=2.981$,$P=0.087$;特质移情的主效应显著,$F=47.614$,$P<0.001$;社会价值取向的主效应显著,$F=164.838$,$P<0.001$。进一步做简单效应分析发现,在高特质移情条件下,高社会价值取向的人的利他惩罚倾向($M=4.381$,$SD=0.120$)会显著高于低社会价值取向的人的利他惩罚倾向($M=2.571$,$SD=0.207$),$F=117.86$,$P<0.001$。在低特质移情条件下,高社会价值取向的人的利他惩罚倾向($M=3.538$,$SD=0.124$)会显著高于低社会价值取向的人的利他惩罚倾向($M=1.167$,$SD=0.183$),$F=86.6$,$P<0.001$。由此可以得出,特质移情可以显著预测利他惩罚,而社会价值取向从中起调节作用,高社会价值取向的人更倾向于在不公平环境中采取更严厉的利他惩罚行为,以促进整个社会的公平和公正。这与前人的研究结果是相似的(严进和王重鸣,2002;Feinberg, Willer et al., 2012; Wang & Chen, 2012),同时,也符合研究假设。

6.2 社会环境线索下利他惩罚的影响因素

在对利他行为的研究中,前人研究表明,利他行为的出现与否,程度如何,受到周围环境的影响,并将这种影响称为"旁观者效应"[①]。这首先是一种社会抑制作用(社会比较理论),即社会上每一个人对所发生的事情都有着一定的看法并采取相应的行动。但每当有其他人在场时,个体在行动前就比无人在场时更加小心地评估自己的行为,把自己准备做出的行为和他人进

[①] 旁观者效应指的是,个体对于紧急事态的反应,在单个人时与同其他人在一起时是不同的。由于他人在场,个体会抑制利他行为。

行比较，以防出现尴尬难堪的局面。当他人都不采取行动时，就会产生对个体利他行为的社会抑制作用。

同样，利他惩罚作为一种特殊的利他行为，是否也会有旁观者效应出现？在网络环境中，由于网络的特定特点，如网络的匿名性（促进求助者更多自我暴露）、及时性和互动性（高效率、低成本）有可能在网络环境中的助人行为与在现实环境中的助人行为会有差异。研究者认为，网络人际交往空间的隐蔽性较好地避免了"责任扩散"的可能性，即在网络环境中，群体中人群越多，就能获得越多的帮助。而有研究显示，在虚拟环境中，同样会出现旁观者效应。在网络环境中，有研究者认为，旁观者效应同样也会出现。近期的研究证明旁观者效应仍然会在新媒体内容中出现（Fischer, Krueger et al., 2011），并且存在网络旁观者效应（Palasinski, 2012）。有研究指出在网上通过电子邮件求助时，电子邮件接收者人数会显著影响被试的助人意愿和助人的质量。而在虚拟社区的知识共享也显示出旁观者效应，即虚拟社区的规模显著影响知识共享的效率和质量（e.g., online response via e-mail, sharing of virtual knowledge; Barron & Yechiam, 2002; Blair, Thompson, & Wuensch, 2005）。Lewis, Thompson, Markey 等人（2000）对400个聊天室里的利他行为进行了相关研究，结果表明聊天室的人数和得到帮助所需要的时间显著正相关（Markey, 2000）。有研究者对电子邮件中的利他行为进了实证的探讨，表明其他人的在场减少了回复 E-mail 的意愿，但不回复 E-mail 的人数与在场的其他人的人数不成比例（Carrie A. Blair, 2005）。

同样，也有矛盾的结果出现，即在虚拟社区的人数会促进利他惩罚行为的出现（Wuensch, Grossnickle, & Cope, 2004; Markey, 2000; Voelpel, Eckhoff, & Forster, 2008）。经典的研究将旁观者的人数与利他惩罚的比例绘制成图表，认为旁观者越多，对被试助人的影响越大。因此，在虚拟环境中，关于旁观者的多少对利他惩罚的影响研究并没有取得一致的结论。

在本研究中，研究者也将探索在虚拟环境中，当被试之间的身份都是匿名的，被试完成任务阶段是否有旁观者效应的出现。基于此，研究者设计了第5个实验。

实验5：网络环境中利他惩罚的旁观者效应：旁观者人数对利他惩罚的影响。

6.2.1 研究目的和假设

本实验主要考察在以金钱和信用为媒介的网络环境中，旁观者的人数、惩罚有无代价对利他惩罚的影响以及对情绪和结果预期的影响。

假设 1：在网络环境中，当有不公平事件发生时（即在网络一次博弈事件中，参与者的利益受到侵害），在有偿利他的情境下，惩罚的力度会显著小于无偿利他的力度。

假设 2：在网络环境中，当有不公平事件发生时（即在网络一次博弈事件中，参与者的利益受到侵害），在有多个观察者的情况下，惩罚的力度会显著小于仅有一个观察者时的力度。

假设 3：旁观者人数和惩罚有无代价交互效应显著。旁观者人数对利他惩罚有抑制作用。

假设 4：在被试进行利他惩罚之后，被试的负性情绪会显著下降。

假设 5：有代价利他惩罚会比无代价利他惩罚释放更多的负性情绪。

假设 6：旁观者人数少的利他惩罚会比旁观者人数多的利他惩罚释放更多的负性情绪。

6.2.2 研究方法

6.2.2.1 被试

130 名大学生参加实验。所有实验对象均为海报招募，实验完成后获得一定数量的报酬。

6.2.2.2 实验变量和设计

自变量：惩罚是否有代价（被试间变量），利他惩罚前后时间点（被试间变量），旁观者人数（被试间变量）

因变量：①惩罚力度

②被试利他惩罚的代价（金额）

③被试的即时情绪指标

④被试的负性情绪释放指标

该实验为三因素混合实验设计。

6.2.2.3 实验程序

程序的前半部分与实验 1、实验 2 相同，都通过网络信任博弈实验创造不公平环境。由于研究需要，所有被试都被分配为旁观者。在实验情境中，由于要创造不公平情境，研究者设计，信托人在第一轮投资回报的环节中回报为 0。

观察者任务一为请被试填写一系列指标：公平追求和面对不公平事件的即时情绪。

公平追求题目："你认为在本轮游戏中，信托人应该给投资人回报多少金币才是公平的？"题目共有 4 个选项，分别为 0，10（所有金币的三分之一），15（所有金币的二分之一），20（所有金币的三分之二）。请被试进行迫选。研究者将选择 10 的被试定义为低公平感被试，将选择 20 的被试定义为高公平感被试，在后续研究中继续分类统计考察。

被试的即时情绪指标题目："请被试为自己的情绪打分：受挫折程度、苦恼程度和被激怒程度（从 1 到 100 进行描述）。"有研究认为，通过这三种情绪的拟合，可以得到一个负性情绪的综合值，来考察人们面对不公平事件的情绪变化（Feinberg，2012）。

下一个界面将是研究者对实验的控制，被称为观察者任务二。在实验情境一中会出现，即当被试是有代价惩罚时（被试对信托人的惩罚要花费被试自己的金币），被试对信托人的惩罚程度。在界面中显示："你在这个时候有机会对违反规则的人进行惩罚，以维护整个游戏的公平。"然后电脑显示"系统随机给你分配旁观者的权限"，你的任务是有代价惩罚，你要付出一点金币以获得对信托人的惩罚权限，你付出的金币数量由你自己决定。当然，你对信托人的惩罚程度越高，你付出的金币数额越大。你的惩罚方式有两种：①金币惩罚；②信用惩罚。请完成如下三道题。

（1）金币惩罚。你要付出一点金币以获得扣除信托人金币的权限，如你扣除 1 个金币，信托人就会减少 3 个金币，请你写出你愿意付出的金币数量

（从 0 到 10）。

（2）信用惩罚。你需要付出一点金币以获得对信托人进行评价的权限。这个数额是保密的，将根据你对信托人评价的分值有所变化。你对信托人的信誉评价越低，你付出的金额可能就越大（注意：点击提交后不能更改，这个评价信托人与观察者都可以看到）。首先请你对信托人的信用进行评价，从 1（很没有信用）到 7（很有信用）；你愿意为这个评价付出的金币数额（从 1 到 10）。被试填写完毕后点击提交。界面会出现"提交通过"。实际上无论被试填写的金额数额为多少，只要大于 0，都会显示"提交通过"。接下来就会出现第三个问题："在这种情况下，如果只能选择一种惩罚方式，你更愿意选择哪种方式？①金币惩罚；②信用惩罚。"被试选择后，点击提交，页面显示"提交成功"，才可以进行下一步。

在实验情境二中会出现，当被试是无代价惩罚（被试对信托人的惩罚不需要付出金币）时，被试对信托人的惩罚程度。在界面中显示："你在这个时候有机会对违反规则的人进行惩罚，以维护整个游戏的公平。"然后电脑显示"系统随机给你分配旁观者的权限"，你的任务是无代价惩罚，你无须付出任何代价就可以惩罚信托人以维护整个游戏的公正公平。你的惩罚方式有两种：①金币惩罚；②信用惩罚。请完成如下三道题。

（1）金币惩罚。你可以任意减少信托人的金币数量，以作为对信托人在游戏中的欺骗行为的惩罚，请你填写你要扣除的信托人的金币数目（从 0 到 30）。

（2）信用惩罚。你不需要金币损失，就获得了给信托人信用评价的权限，你可以从 1 到 7（从很没有信用到很有信用）对信托人进行评价，这个评价信托人和其他投资人都可以看到。

（3）在这种情况下，如果只能选择一种惩罚方式，你更愿意采用哪种方式进行惩罚？①金币惩罚；②信用惩罚。被试填写完整后，才可以点击进行下一步。

在下一个界面（观察者任务三），请被试评估他认为利他惩罚对整个规则有多大的意义。由三道题组成：（1）你认为这个惩罚方式对信托人的约束作用有多大？（2）你认为这个惩罚方式对整个投资回报的作用有多大？（3）你认为你的这个行为对整个组织的公平有多大的促进作用？（请从 1 到 100 进行评价）由这三道题目共同组成利他惩罚信念的指标。

在观察者任务四中,观察者被要求填写在行使观察者权利后的情绪状况(同上),并填写负性情绪释放问卷。负性情绪释放问卷共有两个题目:(1)当你行使了惩罚权利之后,你的情绪有多大程度的释放?(2)总的来说,你的感觉好了几分?(请从1到100进行评价)。

当观察者填写完所有的问卷之后,点击下一步,继续观看投资人B和信托人的游戏,这时界面提醒网络互动任务结束。

在对旁观者人数的控制中,程序是这样设计的,在对第一轮投资进行介绍的界面上显示:"这个游戏由8个人一起玩,其中有2个投资人,1个信托人,5个观察者。观察者的任务:观看投资人与信托人的投资回报过程,维护游戏的公平公正,完成一定的任务,在任务完成后,会获得一定的报酬。

注意:在这个游戏里有5个观察者,观察者之间不能看到相互的任务完成情况,但是,回答的一部分结果会与其他观察者的回答进行平均处理,作为观察团的结果对投资和回报进行一定的干预。电脑随机分配了你的角色,你将和其他7个人一起组队继续该游戏。

你的角色为:观察者C。

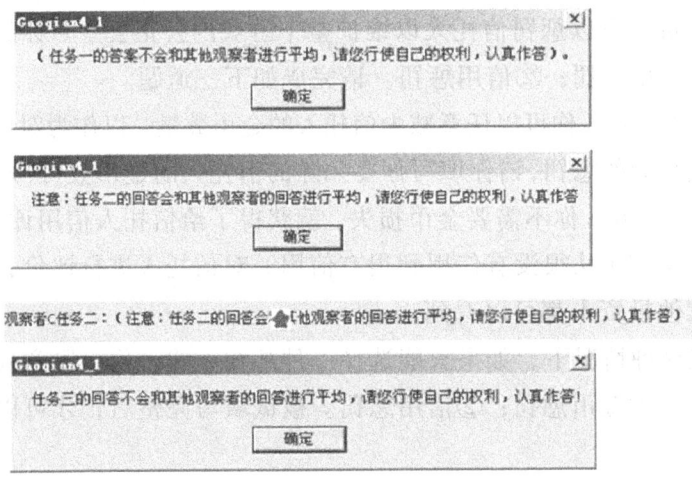

图6-2 实验程序中的提示图标

同时,在完成任务一时,界面会弹出窗口"任务1的答案不会与其他观察者的答案进行平均。"以此类推,因为任务1、3、4分别为被试的主观感受题目,所以系统提示"不会与其他观察者的回答平均,请您行使自己的权利,认真作答"。而任务2是对不当获益者的惩罚,因为涉及金钱和信用指标,所以采用平均的方式。为了防止被试并未看清题目,"会""不会"等关键性词汇都用红色特别标注,并进行事后检验,见图6-3。

在结果的收集中,我们共收集到以下几组数据:①被试的公平追求感指标;②即时情绪一(利他惩罚前);③即时情绪二(利他惩罚后);④利他惩罚成功信念;⑤负性情绪释放指标;⑥对信托人的惩罚力度。

6.2.3 实验结果与分析

通过实验结束后对被试的访谈来判断被试是否真正理解在程序中所要填写的内容,经过审核,共有120名被试没有怀疑实验目的,结果符合要求,因此在实验5中,共收集有效数据120份。

6.2.3.1 当惩罚力度为金钱时,旁观者的多少和有无代价对利他惩罚程度的影响

在有代价惩罚阶段,当观察者用掉1个金币,会相应使不当获益者损失3个金币,所以,在这一实验情境中,观察者用掉的金币数量的3倍就是不当获益者受惩罚失去的金币数量,也就是惩罚的力度。在无代价惩罚阶段,观察者不用付出金币,就可以对不当获益者进行任意数额金币的惩罚,这也是利他惩罚的力度。

当金钱作为不当获益者的损失时,以金钱为因变量,以旁观者的多少、惩罚有无代价为自变量做方差分析,结果显示:惩罚有无代价主效应显著,$F(1, 116)=100.001$,$P<0.001$;旁观者的多少主效应不显著,$F(1, 116)=0.028$,$P=0.868$;两者交互作用不显著,$F(1, 116)=0.757$,$P=0.386$。

从结果中可以进一步看出,当以金钱作为媒介时,有代价惩罚的惩罚力度($M=11.478$)要显著小于无代价惩罚的惩罚力度($M=14.237$)。这说明,当利他的旁观者需要花费自己的金钱来换取对不当获益者的惩罚时,尤其是惩罚关系与自己的金钱损失呈线性联系时,观察者对不当获益者的惩罚都会有所顾虑,所以,当以金钱等物质作为对违反社会规范的人的惩罚工具时,

可能会阻碍人们的利他惩罚的力度和热情。而无论是一个观察者还是多个观察者,当他们拥有对不当获益者的惩罚权限时,在多个观察者情境中,他们的行为和惩罚力度并未因为他人的存在而减少。这并不是典型的旁观者效应,这可能与惩罚力度并不共享有关。在程序设计中,被试对不当获益者的惩罚是和其他旁观者的惩罚平均之后再反馈给不当获益者的,因为,在金钱损失上和责任判定上,被试可能并没有压力。在以金钱为媒介的惩罚中,并不存在旁观者效应,惩罚有无代价对惩罚力度有显著影响,这与实验1和实验3的结果是一致的。

6.2.3.2 当惩罚力度为信用时,旁观者的多少和有无代价对利他惩罚程度的影响

在有代价惩罚阶段,被试得知自己对不当获益者的信用评价是需要付出一定代价的,但是在这一阶段,被试被要求填写自己可以接受的金额,实际上,只要金额大于零,都会显示提交通过。所以,被试填写的提交金额就可以看作被试为了对不当获益者进行信用评级的付出,平均为4.41。将这一组结果与金钱这一变量的中值5进行one-way T 检验,$t(62) = 15.532$,$p < 0$,说明被试为了能够给不当获益者进行信用惩罚,更倾向于付出较低的代价。这与实验2的结果是不一致的。这可能与被试同时进行了金钱惩罚和信用惩罚两种惩罚有关。被试在金钱惩罚阶段已经损失了金钱,在信用惩罚阶段不愿意有更多的金钱损失。

在无代价惩罚阶段,观察者不用付出金币,就可以对不当获益者进行任意数额金币的惩罚,这也是利他惩罚的力度。

将信用作为不当获益者的损失时,以信用为因变量,以旁观者的多少、惩罚有无代价为自变量做方差分析,结果显示:两者交互作用显著,$F(1, 116) = 4.964$,$P < 0.05$;旁观者的多少这一自变量主效应显著,$F(1, 116) = 5.984$,$P < 0.05$;惩罚有无代价主效应不显著,$F(1, 116) = 0.017$,$P = 0.897$。进一步的简单效应分析发现,在有代价惩罚条件下,多旁观者的信用评价的等级($M = 2.796$)要显著高于一个旁观者的信用评价的等级($M = 1.579$),$F = 11.88$,$P < 0.05$。在无代价惩罚条件下,多旁观者的信用评价的等级($M = 2.182$)和一个旁观者的信用评价的等级($M = 2.125$)并没有显著差异,$F = 11.88$,

$P < 0.05$。在一个观察者条件下，有代价的利他惩罚（$M = 1.579$）与无代价的利他惩罚的惩罚力度（$M = 2.125$）无显著差异，$F = 1.18$，$P = 0.279$。在多个观察者条件下，有代价的利他惩罚（$M = 2.796$）的信用评价等级要显著高于无代价的利他惩罚的信用评价等级（$M = 2.182$），$F = 4.76$，$P < 0.05$。

由于在所有实验情境中，都是信托人不当获益，所以对信托人的信用评级越低，才是对信托人的惩罚力度越大。由结果可以看出，在有代价惩罚的条件下，多旁观者对不当获益人的信用评级较高，相对于一个旁观者而言，也就是对其惩罚较小，这就是典型的旁观者效应。同时，多个旁观者在有代价惩罚条件下，对不当获益人的惩罚力度也显著小于无代价条件下的信用惩罚力度。这说明，在多个旁观者条件下，有代价惩罚制约了被试对不当获益者的信用评分。

因此，在网络环境中，当以声誉系统作为网络环境中维护网络公平的工具时，在有代价惩罚条件下，存在经典的旁观者效应，即多人对某一不当获益者或行为进行评价时，会受到人数的影响。因此，当对某一事物或品牌进行评判时，可以邀请或选用多人评价，但是彼此并不知晓，这样会增加声誉管理的严谨性和可信度。

在实验3中，有代价惩罚条件和无代价惩罚条件对于信用评分并无显著影响。而在本实验中，在多个旁观者条件下，有代价惩罚制约了被试对不当获益人的信用评分。同样是声誉管理，多个评分者的分数进行平均这一措施也会促使群体效应的出现，在本研究中，出现中庸效应，即会给出一个比较中庸的分数，这可能与分数平均有关。在事后访谈中，被试提及因为分数会和他人平均，会在公平的基础上给信托人一个相对较高的分数。这也是测量中不可避免的硬伤。

6.2.3.3 利他惩罚中即时情绪的缓解

首先，将利他惩罚之前和利他惩罚之后被试填写的综合即时情绪的指标拟合成一个关于负性情绪的指标，利他惩罚之前的情绪克伦巴赫系数为0.835，利他惩罚之后的克伦巴赫系数为0.870，拟合指标较好。同时将负性情绪释放问卷的两个题目结果拟合为负性情绪释放指数（$\alpha = 0.811$）。

在有条件惩罚条件下，将被试在利他惩罚前的即时情绪与利他惩罚后的即时情绪做配对样本 T 检验，结果显示，被试在利他惩罚前的负性情绪（$M=56.81$）要显著高于利他惩罚后的负性情绪（$M=26.20$），即有条件的利他惩罚有效缓解了被试的负性情绪。$t(62)=10.549$，$p<0.01$；在无条件惩罚条件下，被试在利他惩罚前的负性情绪（$M=52.22$）要显著高于利他惩罚后的负性情绪（$M=24.89$），无条件的利他惩罚有效缓解了被试的负性情绪，$t(56)=9.576$，$p<0.001$。

在一个旁观者条件下，将被试在利他惩罚前的即时情绪与利他惩罚后的即时情绪做配对样本 T 检验，结果显示，被试在利他惩罚前的负性情绪（$M=49.51$）要显著高于利他惩罚后的负性情绪（$M=25.52$），即有条件的利他惩罚有效缓解了被试的负性情绪。$t(42)=7.884$，$p<0.001$；在多个旁观者条件下，被试在利他惩罚前的负性情绪（$M=57.48$）要显著高于利他惩罚后的负性情绪（$M=25.61$），无条件的利他惩罚有效缓解了被试的负性情绪，$t(76)=12.077$，$p<0.001$。

将即时情绪指标作为因变量，将利他惩罚前后的两次时间点作为被试内变量，将惩罚有无代价作为被试间变量，将旁观者人数多少作为被试间变量，则为 2×2×2 混合实验设计。

重复测量方差分析结果显示，三项交互效应不显著，$F(1, 116)=0.04$，$P=0.842$；利他惩罚前后的时间点主效应显著，$F(1, 116)=172$，$P<0.001$；惩罚有无代价和旁观者数量主效应均不显著。旁观者数量和利他惩罚前后时间点的交互效应边缘显著，$F(1, 116)=3.13$，$P=0.079$。

将即时情绪指标作为因变量，将利他惩罚前后的两次时间点作为被试内变量，将旁观者人数多少作为被试间变量，做 2×2 混合实验设计。重复测量的方差分析显示，两者的交互作用边缘显著，$F(1, 116)=3.52$，$P=0.063$。简单效应分析发现，无论是在一个旁观者情境，还是多个旁观者情境下，利他惩罚前的负性情绪都会显著高于利他惩罚后的负性情绪。

结果显示：利他惩罚可以显著减少被试的负性情绪。

6.2.3.4 选择信用还是选择金钱

在实验 5 中，被试选择金钱惩罚和信用惩罚的次数见表 6-5。

以旁观者人数为自变量，以惩罚有无代价为自变量，以金钱选择还是信用选择为因变量，做 logic 分析，由结果可以看出，在多个观察者情境下，无论是有代价还有无代价，被试更倾向于选择信用惩罚（67.8%，63.2%），即对不当获益者进行名誉上的定位和评判。而在一个观察者情境下，在有代价阶段有 52.5% 的被试选择信用惩罚，在无代价阶段 58% 的被试选择信用惩罚，与选择金钱惩罚并没有显著差异。由此可见，在多人评判过程当中，人们更加有对不当获益者进行名誉管理的倾向。而在结果分析中，研究者得知，对不当获益者的信用惩罚有旁观者效应的倾向，所以在实际操作中，尽管是多人评判，也要强调每个人在评判中的重要作用，避免中庸效应。

表 6-6 被试选择金钱惩罚和信用惩罚的次数

观察者人数	有无代价	选择	接受	
			数目	百分比
一观察者	有代价	金钱	9.500	47.5%
		信用	10.500	52.5%
	无代价	金钱	10.500	42.0%
		信用	14.500	58.0%
多观察者	有代价	金钱	14.500	32.2%
		信用	30.500	67.8%
	无代价	金钱	12.500	36.8%
		信用	21.500	63.2%

6.3 讨 论

本实验主要考察在以金钱和信用为媒介的网络环境中，旁观者的人数、惩罚有无代价对利他惩罚的影响以及对情绪和结果预期的影响。

研究结果显示，当以金钱作为不当获益者的损失时，有代价惩罚的惩罚力度（$M=11.478$）要显著小于无代价的惩罚力度（$M=14.237$）。这说明，当利他的旁观者需要花费自己的金钱来换取对不当获益者的惩罚权限时，尤其是惩罚关系与自己的金钱损失呈线性联系时，观察者对不当获益者的惩罚都会有所顾虑，所以，当以金钱等物质作为对违反社会规范的人的惩罚工具时，可能会阻碍人们的利他惩罚的力度和热情。而无论是一个观察者还是多个观察者，当他们拥有对不当获益者的惩罚权限时，在多个观察者情境中，他们的行为和惩罚力度并未因为他人的存在而减少。这并不是典型的旁观者效应。

将信用作为不当获益者的损失时，旁观者数量和惩罚有无代价交互作用显著，旁观者的数量这一自变量主效应显著。在有代价惩罚条件下，多旁观者的信用评价的等级要显著高于一个旁观者的信用评价的等级，这说明有典型的旁观者效应。在多个观察者情境下，有代价的利他惩罚的信用评价等级要显著高于无代价的利他惩罚的信用评价等级。也就是说，当以信用作为不当获益者的损失时，存在旁观者效应，他们的行为和惩罚力度因他人的存在而减少。这与将金钱作为利他惩罚的惩罚代价时是不一样的。在实验1和实验2中，也得出同样的结论，这可能是因为信用惩罚有持久性，而金钱惩罚有一次博弈的特点。

在前人的研究当中，旁观者效应仍然会在新媒体内容中出现（Fischer, Krueger et al., 2011），并且存在网络旁观者效应（Palasinski, 2012）。有研究指出在网上通过电子邮件求助时，电子邮件接收者包含人数会显著影响被试的助人意愿和助人的质量。而在虚拟社区的知识共享也显示出旁观者效应，即虚拟社区的规模显著影响知识共享的效率和质量（Barron & Yechiam, 2002; Carrie A. Blair, 2005）。

而在对金钱和信用的选择上，在多观察者情境中，人们更倾向于对不当获益者进行名誉管理式的信用评价，而不是一次博弈形式的金钱惩罚。在多观察者情境中，由于每个人都有对其进行惩罚的权限，信用惩罚有其长期性、对不当获益者的威慑性和对后人的提示性，更加符合利他惩罚的特点。而金钱惩罚只有对不当获益者的威慑性，对后人的提示性并不强烈。出于对名誉管理的保护，信任惩罚对不当获益者的威慑性更强烈。因此，在真实的网络购物或者网络管理场景中，加强对网络参与者的单一ID名和名誉管理的重视，赋予网民真实有效的声誉管理权限，强化个体参与的重要作用，对维护整个网络环境的公平非常重要。

7 研究三：在网络环境中利他惩罚的发生机制研究

在现实环境中，人们可以直接看到或者感受到不公平行为，并通过一系列行动来对实施不公平行为的人进行惩罚，最终促进群体公平和公正。而在网络当中，由于网络的特殊性，人们可能并不能采取行动直接惩罚违反社会规范的人，但是在网络购物过程中，或者在使用网络的过程当中，当人们出现违反群体公平公正的事件时，由于网络环境的虚拟性、参与成员的远程性，人们可能并不能直接惩罚违反群体规则的人。从前两个研究中，研究者探讨出在网络环境中人们更倾向于采用名誉管理的方式对不当获益者进行信用惩罚，以此来威慑不当获益者，同时提醒潜在受害者。那么，利他惩罚的发生机制是什么？有研究者认为，利他惩罚是利他行为的一种（Fehr & Gächter, 2002），也有研究者认为，利他惩罚之所以起作用，是惩罚的促进作用（陈思静、马剑虹，2011）。因此，探讨人们实施利他惩罚的动机很有必要。

在前两个研究中，研究者分别采用金钱惩罚和信用惩罚的方式，探讨在不同条件下，利他惩罚对情绪的影响和对惩罚力度的影响，对整个群体公平的促进作用，侧重点都放在惩罚上，而本研究将采用更加生态化的方式，在网络不公平环境中创造互动场景，摈除以数字对不当获益者的惩罚，以互动和交流的方式，探讨利他惩罚的动机和情绪变化。预研究中已得出结论，网络提醒是网络中的利他惩罚的一个重要手段，它满足利他惩罚的三个条件：①网络提醒会给破坏群体规范的行为主体造成一定的利益损失（如声誉的损失）；②需要惩罚者付出一定代价（潜在的风险或一些实质的物质付出）；③网络提醒促进了社会公平，是一种利他行为。同样，调查发现，网络环境中的利他惩罚与现实生活中相比，有如下特点：安全性，结果有效性高，免责性，惩罚力度小，惩罚意愿强，惩罚代价的无形性和惩罚指向的分散性。

2012年的一篇研究认为：网络提醒是指在网上给予他人的一些提醒行为，如在网上提醒他人警惕某些诈骗引诱等不良信息、在网上曝光一些不法事件以提醒他人注意、自己在网上受了骗自觉发贴子提醒大家、告诉网友一些网络陷阱等（Feinberg，Willer et al., 2012）。研究者认为网络提醒之所以起作用，与名誉系统有关，即网络提醒中分享的信息会包含一些对个人或群体的名誉进行定位的信息，而个体或群体有维护自己的名誉系统的倾向。名誉系统可以促进合作并且制止自私自利（Wedekind & Milinski, 2000）。

在本研究中，研究者要考察利他惩罚的动机和亲社会倾向。本研究假设：

（1）挫折假设：在网络环境中，被试目击反社会行为出现会被激起负性情绪，被试体验越多的负性情绪，就会越有利他的、纠错的冲动。负性情绪的体验是促使被试采取行动的重要因素。尤其是在有更多亲社会倾向的个体当中，他们的负性情绪体验更为强烈。

（2）亲社会假设：被试进行利他惩罚的最原始的动机是保护和帮助他人。

（3）情绪缓解假设：被试投入亲社会的信息传播，会有效地减少负性情绪，而有较高的亲社会倾向的人会体验到更多的情绪缓解。

（4）促进公平假设：在有较高利他惩罚约束机制的环境中，被试更容易遵守群体潜在规则，自觉维护群体公平。

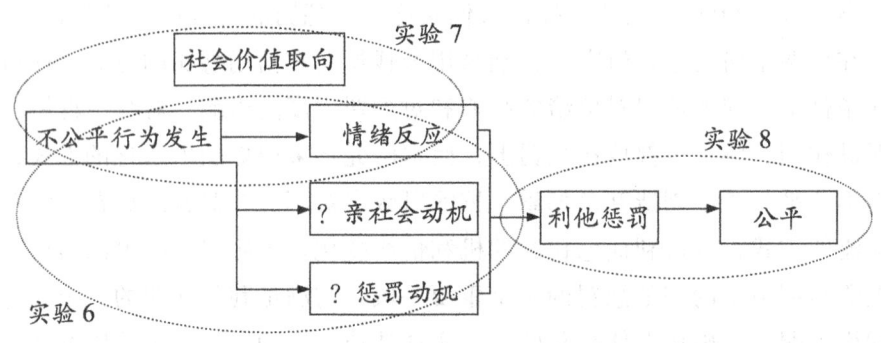

图7-1 研究三的三个实验

注：实验6将探索是亲社会动机还是惩罚动机促使利他惩罚的发生。

7.1 生物反馈仪实验：利他惩罚的亲社会动机

实验6：生物反馈仪实验：利他惩罚的亲社会动机。

7.1.1 研究目的和假设

本实验主要考察在网络环境中,利他惩罚与情绪、生理感受之间的关系。

假设1：当有欺骗行为出现时,无论助人与否,都会有负性情绪的产生（挫折假设）。

假设2：当被试有机会采取行动来预防下一次欺骗时,被试的负性情绪会显著降低（情绪缓解假设）。

7.1.2 研究方法

7.1.2.1 被试

30名大学生参加实验,其中男生17名,女生13名。所有实验对象均为海报招募,实验完成后获得一定数量的报酬。

7.1.2.2 实验变量和设计

自变量：自变量一助人情况（助人,还是不帮助）、自变量二时间（时间节点1、时间节点2）、网络提醒的前后（分别在网络提醒前1.5分钟和网络提醒后的1.5分钟）。

因变量：情绪变化（挫折情绪的综合分数心跳）。

7.1.2.3 实验材料

生物反馈仪。本研究选用了美国 emWave2 公司（Quantum Intech, Inc:

Boulder Creek, CA）生产的心率变频仪，可监测多种生理指标，灵敏度高，抗扰动能力强，可用于基础生理指标的测量和临床训练。在实际应用中，除了可用于测量本实验所需的平均心率和心率变频两种生理指标，还可以监测和训练有焦虑、恐慌、紧张、睡眠障碍等临床症状的个体，以保持心理活动的稳定。该设备同时配备了对应的平台软件emWave2 software，能记录和保存操作数据。

研究记录了情绪研究中常见的各种生理指标（Gross, 1998; Gross & Levenson, 1993; 黄敏儿、郭德俊, 2002），每种生理指标采样的频率都是200 Hz，具体如下：

心率（heart rate, HR/EKG）。心率传感器可采集和放大由心肌收缩产生的微小电信号，监测心率和心率变化。实验时将心电传感器的正极放置于左手手腕脉搏处，负极放置于右手手腕脉搏处，参考电极放置于正极上方1寸处。

皮电（galvanic skin response, GSR/SC）。皮电的高低能反映出情绪的变化情况，情绪紧张、恐惧或者焦虑情况下汗腺分泌增加，皮肤表面汗液增多，引起导电性增加而致皮电升高；情绪平静时，皮电降低。实验时将皮肤电传感器电极分别置于被试的左手食指和无名指的指腹。原始单位为毫伏（mV），放大比例为（0）：（20），（1）：（250）。

皮温（skin tmperature, SKT/TM）。皮温的高低能反映情绪的变化情况，当交感神经兴奋时，皮下血管的平滑肌收缩，局部血流量减少，皮肤温度下降；反之，交感神经兴奋性下降时，皮温升高。实验时将温度传感器电极置于被试左手小指的指腹。原始单位为华氏温度（degrees F），放大比例为（0）：（90），（1）：（95）。

呼吸（respiration, RP）。情绪紧张时呼吸速率增加、放松时呼吸速率降低。呼吸信号是测量胸/腹部的扩张和收缩，能够计算呼吸的频率和呼吸的幅度。实验时将呼吸传感器电极绑在被试的小腹上。

数据转换：分别记录基线、利他惩罚前、利他惩罚后各阶段的各个指标的平均数，再分别用后两个阶段的平均数减去基线值，这样就得到了后两个阶段的变化值。此外，利他惩罚后阶段减去利他惩罚前阶段获得的生理数据就是情绪生理反应的恢复速度，它是单位时间内被试的情绪生理反应变化值。

自编负性情绪问卷（同实验1-3）：在向投资人B传递小纸条前后，被试都要报告他们的情绪的受挫折程度、苦恼程度和被激怒程度（采用百分制，从1完全没有到100非常明显）。这个小问卷作为情绪测量中的一部分，担当起补白项目的任务，这些反应的平均得分作为受挫折情绪复合材料。

7.1.2.4 实验程序

这个实验被描述为一个团体实验，需要4个被试一起进行。被试都连接上生物反馈仪测量皮温、呼吸、心跳等生理指标。对被试的生物学测量作为被试的口头报告的完善，并且帮助实验者排除被试反应时基于其他生理的正常反应。

被试首先填写背景调查的问卷（最长15分钟），然后实验者要求被试和同盟参加到两轮经济学实验当中。被试和同盟要首先阅读"信任游戏"的介绍（Berg, Dickhaut, & McCabe, 1995）并填写问卷以保证自己已经看懂了这个游戏。

信任游戏实验中有两个参与者，分别充当投资人（investor）和委托代理人（trustee），投资人会有一笔最初的初始基金（endowment）10个代币（在游戏结束时会兑换成真实的钱），投资者可以选择0~10个单位的代币进行投资，如果投资人付出资金量A，委托代理人能得到3A，然后可以选择一个从0到3A的数额还给投资人。这个游戏提供了对投资者的信任的行为测量：因为他（或她）将会投资他觉得有可能得到回报的资源，并且也会考察信托者的可信赖性——因为他被要求不能返回任何资源。

实验者介绍说这个游戏包括4个角色，投资人A、投资人B、信托人和观察者。另外，信托游戏只有两轮。在第一个游戏当中，投资A会和信托人开展游戏；在第二个游戏中，投资人B会和信托人开展游戏。在这两轮当中，观察者会来展示游戏的结果，包括投资人的投资数额和信托人的回报数额。

在电脑的操控下，所有的被试都是观察者，他们观察了电脑已经设定好的第一轮投资回报。投资人A向信托人B投资10个金币，而信托人回报0个金币。在电脑将第一次博弈结果发送给观察者观看后，被试要完成一个负性情绪问卷。被试（观察者）和同盟（投资者B）将打开这个文件夹。在文件夹当中，被试会看到，同盟（投资者B）接下来将要与同一个委托代理人进行博弈。

在实验情境当中,被试会被提供一个机会,给投资者 B 传送一个信息框,附带 1~2 句话,这些话可以描述在上一场博弈当中二人的选择情况,而这些消息只能发送给投资人 B,不会发送给信托人。这个指令说明了,这个只是一个选项。另外,指令还告诉观察者,尽管投资人 B 得知会有可能收到一张纸条,但是并不知道这个纸条的具体内容和目的,这样做来防止观察者因为选择不给投资人 B 发纸条而带来的心理压力和负性情绪。同样,被试被告知,在实验结束之后,所有被试没有再相互交流的环节,被试的酬劳也会分别给。这样做的目的是不给被试任何社会的或者物质的刺激,以影响他写纸条的内容和动机。

在控制情境,文件夹只是简单的要被试抄一段没有任何意义的语言文字来给投资人 B,这样,避免被试(观察者)感觉到很难堪或者不舒服,因为投资者 B 知道他有可能会接到一张纸条。

在用纸条传递完信息之后,被试又完成一次情绪测试任务。另外,在完成所有的情感测试任务之后,被试要完成一个测试负性情绪释放的问卷,共有两道题目:(1)在你传递完纸条之后,你的情绪有多大程度上的释放?(2)总的来说,在传递完纸条之后,你的感觉好了几分?

最后,尽管所有的数据采集在这里已经结束了,被试仍然会接着将信任博弈实验做完,先前的被试要完成一个问卷来考察他的对实验目的是否有怀疑。最后,被试分别摘除生理测量装置并听取报告。

自我报告法测量负性情绪。

在向投资人 B 传递小纸条前后,被试都要报告他们的情绪的受挫折程度、苦恼程度和被激怒的程度(采用百分制,从 1 完全没有到 100 非常明显)。这个小问卷作为情绪测量中的一部分担当起补白项目的任务,这些反应的平均得分作为受挫折情绪复合材料[克伦巴赫系数(前)= 0.808;克伦巴赫系数(后)= 0.928]。

心跳频率:

尽管心跳的测量在测量中从始至终,但是我们只截取三个关键的 1 分钟的数值:平静状态下的 1 分钟、收到第一轮的数据结果后的 1 分钟和被试发出信息材料后立刻开始测量的 1 分钟。心电图(ECG)会转换成心跳的次数来进行统计。心跳用MP 150生物采集系统进行测量。心跳的频率将这两个1分钟进行了平均。

三个时间点分别为：基线水平的平均心率（HR）、呼吸（RP）、皮温（TM）、皮电（SC）；当网络不公平事件发生后的平均心率（HR）、呼吸（RP）、皮温（TM）、皮电（SC）；在被试有反应后的平均心率（HR）、呼吸（RP）、皮温（TM）、皮电（SC）。

同时，所有的被试要在研究结束之后填写亲社会价值取向量表。

对纸条的信息进行编码：

两个编码者阅读纸条中传递的信息，并来判断每个信息当中是不是与我们所定义的网络信息提醒的效果一致：分享一个有价值的信息，目的在于避免他人陷入另一场违反社会道德或者社会欺骗的行为当中。以一个编码者为主，如果两者有差异的话，讨论至两人的意见达到统一。典型的传递信息的纸条是："信托人不会返给你任何钱，我建议你不要给他任何投资""尽可能的保住自己手上的钱，因为信托人不会给你回报太多""信托人是个骗子，他很自私，你自己要小心"。

7.1.3 实验结果

7.1.3.1 网络提醒的编码

两个不知道实验目的的编码者，对选择进行网络提醒的被试最后的问题进行编码，内容在多大程度上反映了被试的帮助倾向、保护倾向和警告投资人的倾向三个方面（从1到7进行评价），回答又在多大程度上表示了被试对信托人的惩罚倾向和认为信托人是不道德的和不公平的（从1到7进行评价）。以一个编码者为主，如果两者有差异的话，讨论至两人的意见达到统一。

结果显示：

在十五个被试给出的网络提醒中，编码者认为，均含有对潜在受害者的保护和对信托人的警告与惩罚，见表7-1。

将被试网络提醒中的帮助倾向、保护倾向和警告倾向整合为一个帮助他人的指标（$\alpha=0.634$），将信用惩罚倾向和不道德不公平评价整合成对信托人的惩罚指标（$\alpha = 0.779$）。

表 7-1 网络提醒的内容（N = 15）

类型	平均数	标准差
帮助	5.40	0.73
保护	4.33	0.62
警告	5.93	1.03
信用惩罚倾向	4.73	1.75
不道德、不公平	5.00	2.24

7.1.3.2 等组生理指标检验

所有被试在实验前的精神状态良好，且无提醒组和有提醒组在生理基线值上均无显著差异，见表 7-2。在不公平事件发生后，具体干预实施之前两组在生理基线值上均无显著差异，见表 7-3。这说明两组被试完全遵照随机分组的原则进行分组，在基线水平和利他惩罚前的情绪水平都保持相对一致。

表 7-2 基线水平的生理指标

情绪反应	无提醒组	有提醒组	F	Sig.
HR1	73.140 ± 10.8227	70.762 ± 9.5993	0.434	0.515
TEM1	8.5433 ± 9.60505	7.1200 ± 10.17182	0.164	0.688
RP1	13.9167 ± 3.99635	14.1447 ± 4.66877	0.022	0.884
SC1	6.4033 ± 3.91830	5.0588 ± 4.4704	4.808	0.376

表 7-3 利他惩罚前的生理指标

情绪反应	无提醒组	有提醒组	F	Sig.
HR2	83.6427 ± 11.77989	75.9100 ± 11.54996	3.506	0.071
TEM2	8.5513 ± 9.61862	7.1941 ± 10.35457	0.146	0.705
RP2	17.4033 ± 2.85105	15.7347 ± 3.23823	2.364	0.135
SC2	8.6600 ± 4.04679	7.9194 ± 4.9298	4.212	0.648

7.1.3.3 负性情绪的变化——亲社会的力量

实验1、2、3的研究表明,当被试看到网络环境中的不公平事件发生之后,被试的负性情绪会显著提高。在本实验中,被试不但测量了生理指标,同时也填写了负性情绪问卷描述自己的主观感受。将负性情绪问卷整合成被试的负性情绪指标[克伦巴赫系数(前)=0.808;克伦巴赫系数(后)=0.928]。

研究者假设,当被试看到有不公平事件发生后,被试的负性情绪会被激起。因此,研究比较了基线水平和利他惩罚前的被试的生理指标,见表7-4。

表7-4 基线水平和利他惩罚前的生理指标差异检验

情绪反应	基线水平	利他惩罚前	$T(31)$	P
HR	71.88±10.10	79.53±12.12	−5.36	0.000
TEM	7.78±9.77	7.83±9.87	−1.12	0.272
RP	14.03±4.29	16.51±3.13	−2.99	0.005
SC	5.68±4.20	8.26±4.48	−6.20	0.000

由表7-4可以看出,通过配对样本T检验,被试的HR、RP和SC都存在显著水平的差异。由于观看了网络环境中的不公平行为,被试的负性情绪显著增加,由此可以得出,HR、RP和SC也是反映负性情绪的显著指标。在观看不公平行为之后,被试的HR水平显著提高,RP水平显著提高,SC水平显著提高,即被试的平均心率、呼吸和皮电在利他惩罚之前的水平要显著高于平静状态下的水平。

7.1.3.4 负性情绪的促进作用

当被试产生负性情绪之后,研究者认为,负性情绪和被试的亲社会倾向会促使被试采取一定措施来降低自己的负性情绪水平。

在本实验中,被试不但测量了生理指标,同时也填写了负性情绪问卷描述自己的主观感受。将负性情绪问卷整合成被试的负性情绪指标[克伦巴赫系数(前)=0.808;克伦巴赫系数(后)=0.928]。

首先,就负性情绪的自我报告和负性情绪的缓解来看,由研究数据得出,被试的自我报告负性情绪,在实施利他惩罚前后有显著差异,见表7-5。有研究认为,尽管在无网络提醒阶段,被试仍然撰写了纸条,但是没有发送,这个撰写的过程也有助于平复被试的负性情绪。从生理指标来看,被试的HR和RP前后有显著性差异,而SC前后并无显著性差异。前人研究表明,当情绪紧张、恐惧或焦虑时,汗腺分泌增加,引起导电性增强而导致皮电增高。而在本研究实验过程中,可能是由于冬天进行的实验,SC这一指标并不明显。前人研究认为,在情绪紧张时,呼吸的速率变大,放松时,呼吸的速率变小,尽管RP也显示出了在利他惩罚后的减少,但是配对样本T检验显示并没有显著性差异,所以在后期对负性情绪的描述中,也将舍弃RP这一指标,保留被试的主观感受(EE)和平均心率(HR)这两项指标。

表7-5 利他惩罚前和利他惩罚后的各项指标差异检验

情绪反应	利他惩罚前	利他惩罚后	$T(31)$	P
EE	138.81±70.23	100.43±68.76	3.84	0.001
HR	79.53±12.12	75.84±10.69	2.73	0.010
RP	16.51±3.13	15.09±3.89	1.90	0.066
SC	8.26±4.48	8.22±4.57	−0.45	0.650

在本实验中,研究者假设在信息分享的环境下,被试会体验到更强烈的负性情绪的减少,采用2*2混合实验设计,自变量一为分享前和分享后的时间点(组内变量),自变量二为网络提醒(是,否)(组间设计)。

以被试的主观报告为因变量,重复测量的方差分析显示,两自变量交互作用显著,$F(1, 30) = 5.022$,$P < 0.05$;时间点这一自变量主效应显著,$F(1, 30) = 12.367$,$P < 0.001$;网络提醒与否自变量主效应不显著,$F(1, 116) = 0.157$,$P = 0.694$。

进一步的简单效应分析发现,在网络提醒条件下,时间点一的负性情绪水平($M = 158.2667$)和时间点二的负性情绪水平($M = 112.3333$)差异显著,$F = 15.6$,$P < 0.001$;而在非网络提醒条件下,时间点一的负性情绪水平($M = 131.0588$)和时间点二的负性情绪水平($M = 111.3529$)差异不显著,$F = 0.87$,$P = 0.359$。这说明,在网络提醒条件下,当被试行使了网络提醒的利他惩罚权力后,负性情绪有明显的减少。在负性情绪的作用下,人们的亲社会性会促使个体采取一系列行动来阻止不公平事件发生并平复自己的负性情绪。而

在非网络提醒条件下，由于只是时间的间隔，尽管被试的负性情绪有所减少，但是并没有达到显著性水平。

以被试的生理指标为因变量，采用2*2混合实验设计，自变量一为分享前和分享后的时间点（组内变量），自变量二为网络提醒（是，否），重复测量的方差分析显示，两自变量交互效应显著，$F(1, 30) = 5.932$，$P < 0.05$；时间点这一自变量主效应显著，$F(1, 30) = 9.555$，$P < 0.05$；网络提醒与否自变量主效应不显著，$F(1, 30) = 1.525$，$P = 0.226$。

通过进一步的简单效应分析发现，在时间点一条件下，网络提醒组和非网络提醒组之间的心率水平没有显著性差异，$F = 0.351$，$P = 0.071$；在网络提醒条件下，时间点一的心率水平（$M = 83.6427$）和时间点二的心率水平（$M = 76.6987$）差异显著，$F = 14.37$，$P < 0.001$；而在非网络提醒条件下，时间点一的心率水平（$M = 75.9100$）和时间点二的心率水平（$M = 75.0865$）差异不显著，$F = 0.23$，$P = 0.636$。

这说明，网络提醒组和非提醒组之间的分组是完全随机的；在这种情况下，网络提醒组的被试，心跳水平前后差异显著。这说明，被试目击了欺骗行为发生之后，心跳加快，而在控制环节，被试不能为即将发生的欺骗行为做任何事情，被试的负性情绪减少的机率就会小很多。这与之前的挫折假设是一致的，并且与之前的研究保持一致。前人的研究认为，愤怒和不公平感会增加对心血管的刺激（Levenson, Ekman, & Friesen, 1990），这与被试的情绪自我报告是相互印证的。

7.1.4 讨论

在本实验中，采用被试自我报告和生物反馈仪检验生理指标两种方式来考察被试为什么会有利他惩罚行为出现。在之前的研究中，我们已经得知，被试的利他惩罚行为会导致负性情绪的减少，本研究试图借助生物仪器来验证这一点，并推测负性情绪减少的原因。

研究结果发现，生物反馈仪可以测试的四大指标——平均心率（HR）、呼吸（RP）、皮温（TM）、皮电（SC）当中，平均心率是最能够反馈瞬时情绪变化的指标，因为本实验中均有被试动手操作写字的环节，并且由于天气原因，可能会影响被试的皮温、皮电指标。而在观测被试情绪波动的实验中，皮电也是很好的检测情绪的指标。

在本实验中，研究者发现，当被试目击了欺骗行为的发生之后，被试的HR、RP和SC都存在显著水平的差异。由于观看了网络环境中的不公平行为，被试的负性情绪显著增加，由此可以得出，HR、RP和SC也是反映负性情绪的显著指标。在观看不公平行为之后，被试的HR水平显著提高，RP水平显著提高，SC水平显著提高，即被试的平均心率、呼吸和皮电在利他惩罚之前的水平要显著高于平静状态下的水平。

当被试产生挫折情绪后，被试的亲社会倾向会促使个体采取一些手段来降低挫折情绪。在本研究中，实验组被试可以采取网络提醒的手段。与之前的实验不同，本实验中创造了更为逼真的情境，请被试填写自己的主观感受发送给下一个投资人。在研究中，由两名不知道实验目的的编码者对内容进行编码。编码结果显示，内容均含有对潜在受害者的保护和对信托人的警告与惩罚。在下面的实验中，我们将探讨是什么影响了对受害者的保护程度和对信托人的警告程度。编码结果表明，被试减少负性情绪的目的包含两个方面，一个是对潜在受害者的保护，另一个是对不当获益者的惩罚。

在本实验中，当被试在一个经济信任博弈实验当中看到欺骗行为时，有机会向马上参加下一场信任博弈实验的被试传递有效信息。在这种情况发生时，被试会毫不犹豫地选择参与到有效信息的传达当中（表达的愿望），这与人类的表达的愿望和亲社会的本能假设有关。同时，在网络提醒组中，被试的负性情绪显著降低，而在控制组中，被试的负性情绪没有明显变化。就像是被试的自我报告和生理学测量仪器所揭示的一样，被试面对违反规则的人的时候，就会有本能的挫折感和情绪的唤起（挫折假设）；当被试投入亲社会的信息传播的时候，被试会降低由目击欺骗行为而产生的负面情绪（情绪缓解假设）。由于自我报告和生理性测量是联系在一起的，所以被试的反应有可能并不是由特定的要求驱动的，而是由弥散的亲社会倾向驱动的。

7.2 社会价值取向的调节作用

尽管研究 1 的结果支持了假设，但是有可能情绪的反应是由写纸条的特定动作而引起的，而不是由亲社会信息的传递而引起的。前人研究得出的结论认为，仅仅对自己的情绪进行简单的描述也有缓解情绪的作用 (Pennebaker, 1993, 1997)。因为，在实验 7 中，对控制组的纸条内容进行改进，从实验 1 的信息的典型结果中找出一个，作为在控制情境中被试要抄写的材料。但是他们知道，这个纸条是不会传给同盟（即投资人 B）的。因此也不会传送任何名誉类的信息给任何人。这个变量的改进可以帮助我们来辨别出情绪的缓解是由于防止了下一场有可能的社会欺骗还是因为在纸上描述了自己的情绪状态。

我们同样检验了被试潜在的亲社会动机，如果像我们描述的那样，那么，亲社会动机的主要目的是避免使被试陷入下一次的欺骗行为当中去。这样才符合我们的亲社会假设。为了这个结果，我们在实验中进行了若干测量，包括自我报告、对信息传递的内容分析，以确定被试选择信息传递的目的是基于亲社会的原因。另外，我们利用一个亲社会价值定向量表（Van Lange, 1999; Van Lange, Otten, De Bruin, & Joireman, 1997）。如果像假设的那样，被试进行亲社会信息提醒的目的是对合作和公平的偏好，那我们可以期待更多的个体在目击欺骗行为后会产生更强烈的负性情绪，有更强烈的动机去进行社会提醒（挫折假设），并在进行提醒后会有更大的情绪缓解体验（情绪缓解假设）。

在实验情境中，有一道题目会测量被试的信念，你觉得你的纸条在多大程度上会影响下一个投资者呢？（1～100 分量表）我们对这个问题进行测量有两个目的：首先我们想要确定，进行网络信息提醒的被试把这个提醒看做是一个有价值的亲社会的行为，而不是随手的、无意义的、随处可见的闲聊（Farrell & Rabin, 1996）；同样，如果负性情绪促使被试发出了帮助消息同时伤害了他人，我们期待信息分享的价值观念与情绪的缓解是正相关的。同样，在本实验中，研究者尝试分析被试的亲社会价值取向和被试的利他惩罚成分之间的关系。

实验 7：社会价值取向的调节作用。

7.2.1 研究目的与假设

假设 1：当有欺骗行为出现时，无论助人与否，被试都会产生负性情绪（挫折假设）；

假设 2：当被试有机会采取行动来预防下一次欺骗时，被试的负性情绪会显著降低（情绪缓解假设）；

假设 3：被试的负性情绪唤醒程度的高低，和被试的亲社会倾向有关；

假设 4：高亲社会价值取向的人会激发更多的负性情绪，并在帮助他人后体会到更多的情绪缓解（社会价值取向的调节作用）。

7.2.2 研究方法和程序

被试：31 个被试，海报招募，自愿参加心理学实验。

程序：4 个人同时参加实验，实验是双盲实验，被试都坐在单独的小隔间里面，这样不会看到对方的结果，被试被告知是随机分组参加实验的。被试先填写一个人口统计学问卷，并填写社会价值取向量表。

被试被告知他们将参加一个经济学小实验。每个人与其他任何人都只有一次打交道的机会。介绍中会澄清所有的被试在这个游戏当中是匿名的。在被试填好社会价值量表之后，被试被随机分到一个代号（如被试 005 号），被试会被告知，这个实验有三个角色：投资人若干，信托人一个，观察者一个。角色是由电脑随机分配给被试的，实际上所有的被试都是抽取到观察者的角色。被试也被告知，所有角色所赚的钱数的算法。投资人，每 2 个代币代表 1 块钱；信托人，每 2 个代币代表 1 块钱；观察者，每 2 个代币代表 1 块钱。在每一局开始时，投资人都会得到 10 个代币，而当他投给投资 A 个代币时，在信托人手中就会变成 3A 个代币，如果没有投资人向信托人投资，则信托人没有钱。观察者由于不能参与投资，所以只有 10 个代币的出场费。在所有

7 研究三：在网络环境中利他惩罚的发生机制研究

游戏结束之后，被试会根据他们的具体投资回报来计算自己的现金收益。观察者的任务就是观察投资人和信托人之间的交易。

在等待所有的被试阅读了介绍之后，被试（即观察者）会观察投资者给信托人的投资。在每一轮当中，被试会给信托人投资，为了保持实验的真实性，每次投资人向信托人投资的金额都在6~10之间，每一轮信托人都不会将筹码还给投资人，这样就认为信托人处于违反社会规范的境地。实际上，所有的被试抽到的都是观察者的角色，他们所看到的所有的投资和回报的游戏，都是由电脑提前设计和控制好的。每一轮之间间隔的时间都是固定的，所有的投资开始，都像打牌游戏一样在界面当中，所有人点同意，之后，游戏开始启动。投资人不能看到投资的过程，只有观察者可以看到。

在观察者观察了第一轮投资之后，被试要填写与实验6同样的情感问题（并计算出一个平均挫折综合评定分数，克伦巴赫系数为0.94）。另外被试要填写一个测量被试的积极情绪的问卷。接下来，被试有一个机会来写一个电子信息给投资人F（即最后一个投资人）。在信息发送的环节，被试得知，这些消息只能发送给投资人F，不会发送给信托人。这个指令说明了，这只是一个选项。另外，指令还告诉观察者，尽管投资人F得知会有可能收到一张纸条，但是并不知道这个纸条的具体内容和目的，这样做是为了防止观察者因为选择不给投资人F发纸条而产生心理压力和负性情绪，并防止社会期望效应而影响被试的电子信息的内容。同样，被试被告知，在实验结束之后，所有被试没有再相互交流的环节，被试的酬劳也会分别给。这样做的目的是不给被试任何社会的或者物质的刺激，以影响他写纸条的内容和动机。

在控制环节，被试得知，这些信息只是会被抄写一遍，但是点发送之后，不会发送给任何一个人。在所有被试点发送之后，被试就开始第二次情绪测量。将所有结果汇总为一个总的挫折水平，克伦巴赫系数＝0.93。

在信息传递阶段的被试还要回答一系列问题。首先要回答的问题是：你觉得你的纸条会在多大程度上影响下一个投资人的投资？（从0到100）接着，在信息传递阶段的被试还要回答两个问题：（1）你认为在你写的纸条的内容中，有多少成分是要帮助投资人的？（2）你认为在你写的信息的内容当中，有多少成分是为了伤害（或者惩罚）信托人的？最后，以一个开放式的问题做结尾：如果你选择了给投资人传递信息，请简要解释你选择传递信息的理由和你写这些内容的理由。

被试社会价值取向的测量：采用"三重对策矩阵"的方法来评价被试的社会价值取向，根据社会价值取向问卷的测量结果将被试划分为亲社会价值取向和个体价值取向两组。王重鸣、严进等人多次在其研究中都采用这种方法来测量个体的价值取向（严进和王重鸣，2000，2002，2003；Wang & Chen，2012）。具体测验矩阵见表7-6。

表7-6 社会价值取向矩阵示例

结果	例一		例二		例三	
	自己获益	他人获益	自己获益	他人获益	自己获益	他人获益
选择一	50	20	50	15	60	30
选择二	40	0	40	0	50	10
选择三	40	40	40	40	50	50

以上矩阵的规律为：选择一的自己获益是3个选择中最高的，选择二的自己获益与他人获益的差异是3个选择中最大的，选择三的双方获益之和是3个选择中最高的。测试时将三种选择的顺序随机打乱。不论是被试倾向于个人利益、群体利益还是与对手的得益差异，都只能倾向于其中一种选择。如果倾向于选择一，被试个人的绝对获益最高，表明被试是个人主义取向；倾向于选择二，表明被试倾向于与别人竞争，是竞争型的价值取向；倾向于选择三的被试着重关心双方的共同利益，这样的被试属于亲社会价值取向。基于全部被试社会价值取向测量的结果，按照 Dreu 与 McCusker 的标准（Dreu & McCusker, 1997），将在12次决策中至少有7次做出一致决策的被试确定为具有较稳定价值取向的个体，而且根据本实验的研究目的，将个人型和竞争型的被试作为一类，统称为个体价值取向型。通过分析被试的回答，可以得出被试的社会价值取向得分。

两位编码者对被试的信息进行编码，看被试的信息与我们定义的亲社会信息是否一致。如果两个编码者的意见不一致，将讨论至一致为止。典型的亲社会的信息包括："小心你的信托人，他不会给你任何回报的""信托人是个骗子，不要给他投资"。

对最后的开放问题进行编码。

7 研究三：在网络环境中利他惩罚的发生机制研究

两个不知道实验目的的编码者，对选择进行网络提醒的被试的最后的问题进行编码，内容在多大程度上反映了被试的帮助倾向、保护倾向和警告投资人的倾向三个方面（从1到7进行评价），回答又在多大程度上表示了被试对信托人的惩罚倾向和认为信托人是不道德的和不公平的（从1到7来评价）。我们将前三个变量整合成一个关于帮助的得分（内在一致性系数为0.634），将后面三个综合为惩罚的得分（内在一致性系数为0.779）。

7.2.3 研究结果

在实验设计中，研究者假设存在亲社会的信息传递的动机：我们假设，如果基于亲社会的信息传递的情绪波动是由人们的合作和公平的偏好引起的，那么社会价值取向高的人会更倾向于进行亲社会的信息传递。回归分析显示亲社会价值倾向对亲社会信息传递的影响边缘显著。结果显示，越具有亲社会价值倾向的人越倾向于进行亲社会的信息传递。

7.2.3.1 亲社会的助人动机

根据对被试的网络提醒内容来进行编码，并将编码结果整合为帮助他人的动机和惩罚不当获益者的动机。对被试的助人动机进行如下检验：对被试的自我报告的亲社会信息传递的动机进行的测量显示，帮助的动机与惩罚的动机差异显著（$T = 6.066$，$P < 0.01$）。结果显示被试更倾向于帮助投资者（$M = 15.67$），而不是惩罚信托人（$M = 9.73$）。对被试的开放性问题（为什么会选择进行网络提醒）的回答内容分析显示，被试更倾向于保护、帮助投资者多于惩罚信托人。

在实验中，研究者假设，被试在目击不公平事件发生后，激起的负性情绪越强烈，就越有可能投入亲社会的信息传递当中（挫折情绪假设）。为验证这一观点，研究者将网络提醒组的被试单独提取出来，将时间点一的挫折情绪评定作为自变量，将被试的网络提醒强度（根据编码者的编码）作为因变量，进行线性回归分析。结果显示负性情绪的影响显著（$F = 10.046$，$P < 0.05$）。结果支持了假设，目击了不公平事件的负性情绪会有效地促进被试的亲社会的信息分享行为。

7.2.3.2 亲社会价值取向的调节作用

在本实验中,研究者假设,亲社会的信息分享会有效减少负性情绪,并提高人们的积极情绪(情绪缓解假设),被试的亲社会价值取向会起到调节作用。

我们将实验条件和被试的社会价值取向作为自变量(两个自变量都是分类变量,因此采用方差分析来解释调节效应),将被试的从时间点一到时间点二的挫折情绪的改变量作为因变量,将被试的负性情绪的改变量作为因变量做方差分析。结果显示:只有实验条件这一自变量主效应显著,社会价值取向和交互作用均不显著。

而将被试的生理指标(平均心率的该变量)作为因变量做方差分析,结果显示:实验条件这一自变量主效应显著,$F = 4.255$,$P < 0.05$;社会价值取向这一自变量主效应显著,$F = 9.968$,$P < 0.05$;两者的交互作用边缘显著,$F = 2.279$,$P = 0.068$。

在信息分享条件下,高社会价值取向的人比低社会价值取向的人的心跳频率更显著地降低,因此,可以得出结论:对潜在受害人进行有益的社会提醒,会促进被试的挫折情绪的释放并增加被试的积极情绪,他的作用比单纯地将自己的情绪描述出来的效果要明显。

为了更明确地描述亲社会价值取向的调节作用,我们做了单因素方差分析来探讨社会价值取向和挫折情感之间的关系(采用时间段一的挫折情感得分)。结果发现,当被试观察到网络环境中的不公平现象时,具有亲社会价值取向的人的挫折情绪($M = 33.62$)要显著高于低社会价值取向的人的挫折情绪($M = 17.31$),$F = 5.822$,$P < 0.05$。

7.2.3.3 感知信息的作用

我们同样假设,在信息传递条件下,被试对信息的作用的感知,也会影响被试的情绪。以被试对消息传递的预测做自变量,以被试的情绪改变量做因变量,回归分析显示,被试对自己发送的信息对投资人的帮助程度会预测被试的情绪水平,对消极情绪的减少的影响边缘显著($F = 3.294$,$P = 0.08$)。这说明被试对自己信息的有效性的预测,可以显著地影响被试的情绪。

7.2.4 分析与讨论

根据对被试的网络提醒内容来进行编码，并将编码结果整合为帮助他人的动机和惩罚不当获益者的动机。被试更倾向于保护、帮助投资者多于惩罚信托人。同时，回归分析显示，被试目击不公平事件的负性情绪，会有效地促进被试的亲社会的信息分享行为。

在实验设计中，研究者假设存在亲社会的信息传递的动机：我们假设，如果基于亲社会的信息传递的情绪波动是由人们的合作和公平的的偏好引起的，那么社会价值取向高的人会更倾向于进行亲社会的信息传递。在利用被试的生理指标进行方差分析时，结果显示，对潜在受害人进行有益的社会提醒，会促进被试的挫折情绪的释放并增加被试的积极情绪，对潜在受害人进行有益的社会提醒，会促进被试的挫折情绪的释放并增加被试的积极情绪。

单因素方差分析结果显示，当被试观察到网络环境中的不公平现象时，具有亲社会价值取向的人的强烈的挫折情绪要显著高于低社会价值取向的人的挫折情绪。回归分析显示，被试的对自己信息的有效性的预测，可以显著地影响被试的情绪。

在实验7中，被试在自我报告阶段还是自由反应阶段，都展示出了被试的亲社会属性会促进信息传递（亲社会假设）。研究同样揭示研究目标，即个体差异会影响被试的亲社会行为。实验7同样为亲社会的信息分享是由被试的负性情绪所驱动的提供了更进一步的证据，并说明信息分享会缓解负性情绪。被试的负性情绪是一个有效的预测被试的亲社会行为的指标。研究还表明，被试投入亲社会的信息分享当中会减少负性情绪，并且增加欢愉情绪，尤其是被试认为他的行为可以有效地预防潜在受害者受害的时候会更有作用。最后，被试的亲社会价值取向会对被试在信息分享之后的情绪起调节作用，即对有高亲社会价值取向的人来说，投入信息分享当中，会有最强大的情绪冲击力。

网络环境中的利他惩罚——特点、影响因素和发生机制

7.3 网络利他惩罚对公平的促进作用

在前两个实验中,我们验证了亲社会信息传递的动机。在实验 8 中,我们检验,是否亲社会的信息传递会通过降低自私的行为并促进合作行为,从而有效地解决社会两难问题。前人的研究显示了名誉系统会通过降低反社会行为来促进合作(Milinski et al., 2002),同样也可以通过被试有策略地选择自己的合作伙伴来促进合作(Barclay & Willer, 2007)。

有研究表明,关于名誉性信息的分享和涉及名誉性信息的提醒支持第一个假设。研究者发现,在社会两难困境当中,个体会将提醒中的名誉性信息作为和目标个体进行交流的一个向导(Sommerfeld et al., 2007)。

受之前研究的启发,本实验假设:亲社会的信息分享会通过两个程序来促进合作:①鼓励信息接受者只选择拥有较好的信誉系统的人进行交流;②通过将个体的自私信息传递给公众的方式,阻止更多的自我中心的个体表现出自私的行为(威慑假设)。

在实验 8 中,被试要进行和实验 1 至 3 一样的经济学信托游戏。与之前不同的是,被试不再是观察者,而是信托人。一个将他的个人利益凸显于群体利益之中的角色。在一个实验条件下,被试得知有观察者全程观看第一轮博弈过程,并与投资人在一、二轮的间隙中有交流。在另一实验条件下,被试得知会有观察者全程旁观,但并没有提及任何旁观者可以和投资人交流的事情。在控制条件下,是旁观者和讨论缺失的情境。我们假设,在舆论监督的威胁操纵条件下,与其他条件相比,被试会表现得更加公平,分配更多的资源给投资人。更进一步来说,我们期待着,这种对舆论监督的畏惧的效应也是首要的原因,使有自私倾向的个体比在其他控制条件下付出得更多。

实验 8:网络利他惩罚对公平的促进作用。

7.3.1 实验设计与假设

实验设计:三因素实验设计(自变量:舆论控制的 3 个水平——舆论威

慑组，观察组，控制组；特质移情——高，低；社会价值取向——高，低；因变量——金钱回报）

实验假设：

（1）三自变量交互作用显著；

（2）三自变量之间两两交互作用显著；

（3）舆论控制、特质移情、社会价值取向主效应显著；

（4）舆论控制的组间差异显著；高舆论控制的被试返还的金额显著高于中舆论控制组的被试；高舆论控制的被试返还的金额显著高于低舆论控制组的被试；

（5）社会价值取向在舆论控制对金钱回报的影响中起调节作用。

7.3.2 实验过程

被试：网上招募被试210名，部分被试为获得心理健康教育课程课外作业成绩而自愿选择参加网上调查。后补充数据24份。

程序：当被试点开招募被试的链接后，被试得知他们要参加一个网络调查研究。被试在等待其他被试上线的过程当中会被要求完成一个特质移情量表，并完成一个问卷调查。实际上，其他的参与到互动当中的都是机器设定的。当一个小组的人数足够之后，被试要进行一个练习，来学习如何玩这个多重信任博弈实验。像之前一样，介绍告诉被试每个人不会在这一轮当中与同一个人遇到两次。在网上所有的交流全部都是匿名的。被试会被随机分配一个名字（如被试B）。

被试得知，每个人进行两个游戏环节，每个部分有三轮游戏。在这两个环节中有三个角色：投资人、信托人和观察者。在舆论威胁实验组，被试得知在第一组进行过程中，被试会观察投资人和信托人的游戏过程，并且在第二轮开始之前，观察者有向投资者发送电子提醒的环节，在整个第二组过程当中，观察者都可以和投资者进行互动交流。在观察组环节，被试得知在两轮投资过程中，都有观察者在旁观看整个游戏过程，但是并没有提到互动交流的环节。在控制组情境当中，被试被告知这个游戏只有投资人和信托人两个角色，并没有提到观察者这个角色。所有的被试都会随机摇号来选择他们的角色。实际上所有的被试都是信托人。无论是在舆论威胁组、观察组还是在控制组,被试都要先进行练习,在练习阶段,被试会作为观察者观察整个实验过程,而在正式实验阶段,被试都被安排为信托人,来考察在高中低三种舆论控制水平中,信托人返还金额的水平。

在第一组游戏开始时,投资人分别给信托人投资 8 块钱,所有的筹码在信托人那里就会变成之前的三倍,然后再次提醒被试所处的组别和被试角色(信托人),请信托人返还投资人若干钱币。当第一轮结束之后,被试被告知不需要进行第二轮游戏即可结束。

需要注意的是,被试首先做完个人情况调查后,会由程序自动分配到舆论控制组别中,分组的标准是在当下哪一个舆论控制的组别做题的人数少,就分到哪一组。

7.3.3 实验材料

特质移情量表:采用韩丽颖(2005)依据 Mehrabian 和 Epstein(1972)编制的移情量表修订的特质移情量表(韩丽颖,2005)。该量表共 28 道题目,如"看到人群中孤独的陌生人,我感到心情沉重",采用 9 点积分,从绝对反对到绝对赞成。得分越高,移情能力越高。重测信度为 0.60,每个题目与总量表的一致性信度都在 0.70 以上。

被试社会价值取向的测量:采用"三重对策矩阵"的方法来评价被试的社会价值取向,根据社会价值取向问卷的测量结果将被试划分为亲社会价值取向和个体价值取向两组。王重鸣、严进等人多次在其研究中采用这种方法来测量个体的价值取向(严进和王重鸣,2000,2002,2003;Wang & Chen,2012)。具体测验矩阵见表 7-7。

表 7-7 社会价值取向矩阵示例

结果	例一		例二		例三	
	自己获益	他人获益	自己获益	他人获益	自己获益	他人获益
选择一	50	20	50	15	60	30
选择二	40	0	40	0	50	10
选择三	40	40	40	40	50	50

以上矩阵的规律为：选择一的自己获益是3个选择中最高的，选择二的自己获益与他人获益的差异是3个选择中最大的，选择三的双方获益之和是3个选择中最高的。测试时将三种选择的顺序随机打乱。不论被试倾向于个人利益、群体利益还是与对手的得益差异，都只能倾向于其中的一种选择。如果倾向于选择一，被试个人的绝对获益最高，表明被试是个人主义取向；倾向于选择二，表明被试倾向于与别人竞争，是竞争型的价值取向；倾向于选择三的被试着重关心双方的共同利益，这样的被试属于亲社会价值取向。基于全部被试社会价值取向测量的结果，按照Dreu与McCusker的标准（Dreu & McCusker, 1997），将在12次决策中至少有7次做出一致决策的被试确定为具有较稳定价值取向的个体，而且根据本实验的研究目的，将个人型和竞争型的被试作为一类，统称为个体价值取向型。通过对被试的回答，可以得出被试的社会价值取向得分。

7.3.4 实验结果

在以往文献中，研究者根据社会价值取向得分，将人们分为两大类，即高社会价值取向（$j \geq 7$）和低社会价值取向（$j < 7$）（Wang & Chen, 2012），并将特质移情根据前27%、后27%的原则分为高特质移情和低特质移情（韩丽颖，2005）。根据以往研究，研究者也将数据重新整理，按照高特质移情（$T \geq 163$）、低特质移情分组（$T \leq 148$），共筛选出被试113人，见表7-8。这113人在程序随机分组中，低舆论控制组有32人，中舆论控制组有42人，高舆论控制组有39人。但是并不是每一个组别都有足够被试，为保证实验结果处理条件满足，研究者又通过问卷筛查，邀请24人进行网络程序实验，以补充数据。本实验共收集有效数据137份。

以特质移情、社会价值取向、舆论控制为自变量，以回报金额为因变量，方差分析结果显示：三项交互作用不显著，$F=1.418$，$P=0.236$；舆论控制与特质移情交互作用显著，$F=3.288$，$P<0.05$；舆论控制与社会价值取向交互作用显著，$F=12.941$，$P<0.001$；特质移情与社会价值取向交互作用显著，$F=50.026$，$P<0.001$；舆论控制主效应显著，$F=46.678$，$P<0.001$；特质移情主效应显著，$F=42.562$，$P<0.001$；社会价值取向主效应显著，$F=106.964$，$P<0.001$。

表 7-8 有效被试分组表

Y(舆论控制)	J(社会价值取向)	T(特质移情)	平均数	标准差	人数
1.00	1.00	1.00	0.7059	1.31171	17
		2.00	6.3750	1.92261	8
		Total	2.5200	3.08383	25
	2.00	1.00	6.8571	3.33809	7
		2.00	4.5455	3.61562	11
		Total	5.4444	3.60102	18
	Total	1.00	2.5000	3.50155	24
		2.00	5.3158	3.09215	19
		Total	3.7442	3.57966	43
2.00	1.00	1.00	3.2000	2.39643	15
		2.00	9.5000	2.25832	6
		Total	5.0000	3.71484	21
	2.00	1.00	10.5238	2.06444	21
		2.00	11.1429	2.74162	14
		Total	10.7714	2.34001	35
	Total	1.00	7.4722	4.25935	36
		2.00	10.6500	2.66112	20
		Total	8.6071	4.04375	56
3.00	1.00	2.00	8.6000	1.64655	10
		Total	8.6000	1.64655	10
	2.00	1.00	12.2727	0.90453	11
		2.00	13.5882	1.54349	17
		Total	13.0714	1.46385	28
	Total	1.00	12.2727	0.90453	11
		2.00	11.7407	2.90348	27
		Total	11.8947	2.49095	38

续表

Y(舆论控制)	J(社会价值取向)	T(特质移情)	平均数	标准差	人数
Total	1.00	1.00	1.8750	2.25403	32
		2.00	8.0833	2.22470	24
		Total	4.5357	3.81368	56
	2.00	1.00	10.3590	2.74808	39
		2.00	10.4048	4.48335	42
		Total	10.3827	3.72682	81
	Total	1.00	6.5352	4.94204	71
		2.00	9.5606	3.96185	66
		Total	7.9927	4.73022	137

进一步的简单效应分析显示，在高特质移情条件下，舆论控制的组间差异显著，$F = 12.40$，$P < 0.05$，高舆论控制的金钱回报（$M = 11.74$）要显著高于中舆论控制的金钱回报（$M = 10.65$），中舆论控制要显著高于低舆论控制的金钱回报（$M = 5.32$）；在低特质移情条件下，舆论控制的组间差异显著，$F = 6.40$，$P < 0.05$，高舆论控制的金钱回报（$M = 12.47$）要显著高于中舆论控制的金钱回报（$M = 7.47$），中舆论控制要显著高于低舆论控制的金钱回报（$M = 2.50$）。

在高社会价值取向条件下，舆论控制的组间差异显著，$F = 19.84$，$P < 0.001$，高舆论控制的金钱回报（$M = 13.07$）要显著高于中舆论控制的金钱回报（$M = 10.77$），中舆论控制要显著高于低舆论控制的金钱回报（$M = 5.44$）；在低社会价值取向条件下，舆论控制的组间差异显著，$F = 14.21$，$P < 0.001$，高舆论控制的金钱回报（$M = 8.60$）要显著高于中舆论控制的金钱回报（$M = 5.00$），中舆论控制的金钱回报要显著高于低舆论控制的金钱回报（$M = 2.52$）。

同样，简单效应分析发现，无论是在高舆论控制组、中舆论控制组，还是在低舆论控制组，高社会价值取向与低社会价值取向的被试金钱回报差异显著，高社会价值取向的被试的金钱回报都会显著高于低社会价值取向的被试，见表7-9。这说明社会价值取向的调节作用显著。而在特质移情方面，在高舆论控制组和低舆论控制组，高特质移情与低特质移情的金钱回报差异显著，而在中舆论控制组（即观察组），差异不显著。这说明，特质移情的调节作用并不明显。

表 7-8　简单效应分析结果

类型	F	P
T WITHIN Y（1）	5.58	0.020
T WITHIN Y（2）	3.81	0.053
T WITHIN Y（3）	14.88	0.000
J WITHIN Y（1）	8.13	0.005
J WITHIN Y（2）	42.45	0.000
J WITHIN Y（3）	52.23	0.000

实验结果显示，舆论控制、特质移情和社会价值取向的主效应均显著。高舆论控制组的被试的金钱回报要显著高于中舆论控制组的金钱回报，后者也显著高于低舆论控制组的金钱回报。这说明在有网络提醒的情况下，被试更倾向于进行公平的网络互动，更尊重游戏规则，哪怕是在仅仅有观察者的情况下，被试的行为也会受到约束。

7.3.5　讨论

网络提醒对利他惩罚的作用在前面的系列研究中已经得到验证，在网络环境中，网络提醒本质上是对网络环境公平性的监督，它通过对不当获益者的潜在惩罚和对潜在受害者的提醒而发挥作用。因此，网络提醒的本质作用是促进网络环境的公平性，他通过舆论监督的方式起作用。

本实验换了一个角度，结合之前的研究结果，进行验证性研究，考察在不同的舆论控制条件下，信托人对获益的分配公平性。在信任博弈实验中，是通过经典的分钱实验来判断是否公平。在前人的研究中，人们普遍认为分配在40%左右是较为公平的（陈叶烽，2010）。在本研究中，重点考察舆论控制对公平的影响。

实验结果显示，高舆论控制组（即在网络提醒环境中）的金钱回报是最高的。这符合我们的实验假设。同时，本研究也是对影响网络环境公平性的

7 研究三:在网络环境中利他惩罚的发生机制研究

研究,高舆论控制之所以会起作用,与个体的个人性格特点和价值观也密不可分。在前人研究中,高特质移情的被试会体会到更多的共情,而高共情是亲社会的必不可少的条件,因此,高特质移情的被试更能够体会到网络环境的不公平性,这种不公平性所带来的负性情绪和被试的亲社会倾向,会促使个体采用利他惩罚的方式,维护个体的情绪平衡和环境的长期整体公平。因此,情绪卷入个体对公平的维护非常重要。

被试的价值观也会显著影响公平的维持。当被试具有高社会价值取向,在游戏中更倾向于双赢的时候,整个环境则更倾向于一种长期稳定的动态平衡,即建立网络环境中的个体信誉和游戏的规则。良性的名誉管理的彰显,会使个体的信誉处于一种较高水平,也会给投资人或其他买家以更好的与之合作的信心,同样,也会促进网络环境中的公平。

但是,网络环境的公平不能仅仅依靠个体的良好的性格特点和正确的价值观来维持,外部的规则确立也是非常重要的。只有有明确合理的外部规则,即畅通的意见表达渠道、良性的反馈和信用评价体系,网络环境中的整体名誉系统才能得以建立和维持。当良好的舆论环境建立之后,个体的行为则会受到合理的约束,正确的行为通过信誉的提高得以强化,而错误的行为则会在规则的约束下付出代价。人们在网络环境中的信心才得以确立,整个环境的公平才得以长期维持。

8 讨 论

在现实生活中,利他惩罚是指团体中的某成员在团体中为了维护团体的合作、公正和团体长期利益,宁可自己承担成本去惩罚团体中的不合作行为,即使这些代价并不能得到预期的补偿(Fehr & Gächter,2002)。随着互联网应用的发展,许多现实中的人际互动行为被赋予新的意义,并从时间和空间上根本改变了传统的社会交往和人际沟通的方式,形成了许多独特的观念和准则。网络提供了人际交往的特殊空间。正是由于这种特殊性,决定了网络中的人际互动不同于现实的新特点。

本书认为,网络提醒是网络中的利他惩罚的一个重要手段,满足利他惩罚的三个条件:①网络提醒会给破坏群体规范的行为主体造成一定的利益损失(如声誉的损失);②需要惩罚者付出一定代价(潜在的风险或一些实质的物质付出);③网络提醒促进了社会公平,是一种利他行为。在网络环境中和现实环境中,由于网络的特殊性,其也具备一些独有的性质。

本书围绕"利他惩罚",聚焦于网络环境中的利他惩罚,从网络环境中的利他惩罚与现实中的利他惩罚的区别和联系入手,了解网络环境中利他惩罚的特点,探讨名誉系统在网络环境中的重要作用,并研究影响网络环境中利他惩罚的影响因素和发生机制。

8.1 网络环境中的利他惩罚的内容和特点

由于利他惩罚是一种特殊的利他行为，本书先从利他行为入手，通过半开放式问卷调查，得出如下结论。

从情景方面来说，利他行为的发生场地遵循如下特点：在低危险低紧急情境中，最容易发生利他行为，其次分别是低危险高紧急、高危险低紧急、高危险高紧急。Fischer 和 Krueger 等人（Fischer，Krueger et al.，2011）做了一个全面的元分析，从以下几个方面讨论了不同情境中人们的利他行为：①所有旁观者都处于危险之中；②只有受害者处于危险之中；③反派角色扮演；④没有紧急事件。研究者对紧急事件、高危险角色扮演（干预者处于高危险之中）和低危险角色扮演（干预者处于低危险之中）的区别表现进行观察。研究发现，低危险情境最容易出现旁观者效应，而在双方都处于紧急情境中时，低危险情境下人们更容易帮助他人。

由于网络环境的特殊性，网络中的不公平行为主要包括：①网络信息泄露（盗取个人信息）；②网络诈骗；③网络安全问题；④网络欺负（诽谤侮辱）。网络环境中的利他行为有如下特点：①匿名性；②广泛性；③快捷高效性；④迷惑性（不知真假）；⑤易得性。而网络环境中的利他行为主要分为如下几种：①网络提醒；②网络分享转发；③网络汇款募捐等；④网络舆论支持。从调查中得出，与现实环境比较，网络环境中的利他行为具有迷惑性、匿名性、快捷高效性、广泛性和易得性的特点。

在网络利他惩罚行为中，由于网络环境的特点，对不当获益者的惩罚很难用金钱的方式呈现，往往会通过对不当获益者的信息披露、行为谴责、信用贬损等对其名誉和信誉贴标签的形式进行惩罚。其中，网络提醒、网络分享转发、网络舆论支持都是典型的网络环境中的利他惩罚。

在网络环境中的利他惩罚与在现实生活中相比，有如下特点：①安全性，网络中的利他惩罚符合利他中的低危险性的特点，安全性是网络中利他惩罚更易发生的条件；②结果有效性高，由于网络中的利他惩罚往往对利他获益者的信誉进行惩罚，同时由于网络的力量，惩罚的有效性更高；③免责性，由于网络监管的不方便和网络环境的虚拟性,网络中利他惩罚结果的无形性,利他惩罚往往是借助大众的无形力量而形成,往往是集体意志的结果,网络环境中的利他惩罚也具有免责性的特点;④惩罚力度小,惩罚意愿强;⑤惩罚代价的无形性和惩罚指向的分散性,在网络利他惩罚行为中,由于网络环境的特点,对不当获益者的惩罚很难用金钱的方式呈现,往往会通过对不当获益者的信息披露、行为谴责、信用贬损等对其名誉和信誉贴标签的形式进行惩罚。

尽管外文文献中并没有直接对网络提醒进行分析的文献,但是"Gossip"这个概念,作为对名誉性信息的发布和分享,是与网络提醒最接近的一个概念。它可能为名望信息的分享提供了一个解释,以此来解决社会困境问题(Dunbar, 1996, 2004; Sommerfeld et al., 2007; Wilson et al., 2000)。根据这样的对声望信息进行分享的网络提醒,群体可以监控他们的成员,并且降低反社会行为,并以此促进合作的蔓延和集体主义情感(Barkow, 1992; Enquist & Leimar, 1993; McAndrew, 2008)。

综上所述,本书认为,网络提醒是网络中的利他惩罚的一个重要手段,它满足利他惩罚的三个条件:①网络提醒会给破坏群体规范的行为主体造成一定的利益损失(如声誉的损失);②需要惩罚者付出一定代价(潜在的风险或一些实质的物质付出);③网络提醒促进了社会公平,是一种利他行为。

8.2 网络环境中利他惩罚的表现形式——是金钱还是信用更起作用

当网络上的不公平事件发生后,他的传播与在现实中的传播是不一样的。对不公平事件的干扰和纠正也会与在现实环境中有所不同。本研究侧重于根据网络环境的基本特点(一次博弈,随机性,信息的分散性和广传播性),构建虚拟环境,考察利他惩罚是否存在、影响因素及发生机制。Fehr和Fischbacher利用博弈实验范式做了大量实验,研究利他惩罚。研究者把第三方惩罚与独裁者博弈实验和公共品博弈实验中的第二方惩罚机制的相对力度进行了比较（Fehr & Fischbacher，2004），结果显示，无论在合作规范还是公正规范的维护背景中，第三方惩罚都比第二方惩罚起到了更为重要的作用。本研究中的研究范式是在 Fehr 和 Fischbacher 的基础上做了简单的改进，采用 Feinberg 等人的研究范式（Feinberg, Willer et al., 2012），在信任博弈实验范式中引入第三方。

在网络环境中，由于当事人的远程性和网络的虚拟性，名誉系统是一个重要的评价指标。信用是网络环境中的一个评价他人的重要体系。前人有研究表明，名誉性的惩罚可以将群体约束在一起，增强社会规范和规则，并且排斥那些改变了群体水平期望的人（Baumeister, Zhang, & Vohs, 2004）。同样的，通过对小社会团体的观察研究的总结也发现了这一结果。Wilson 等（2000）推断信息提醒（gossip）会减少自私行为和搭便车的行为（Acheson, 1988; Boehm, 1997, 1999; Ellickson, 1991; Haviland, 1977; Lee, 1990; McPherson, 1991）。名誉管理是网络环境中秩序维护的重要前提和手段。名誉惩罚对于网络环境是一个更加有针对性更有作用的惩罚。

本研究探讨金钱和信用对公平追求的影响与约束力，共分为三个小实验。实验 1 和实验 2 分别考察了以金钱为媒介的利他惩罚和以信用为媒介的利他惩罚的发生率及对情绪的影响。

表 8-1 实验 1-3 结果对比

	金钱	信用	混合情况
负性情绪	惩罚后显著减少	惩罚后显著减少	/
惩罚代价	对情绪影响不显著	显著影响负性情绪	对情绪影响不显著
惩罚代价	显著影响惩罚力度	惩罚力度影响不显著	/
金钱损失	/	较高代价	较低代价

在以金钱为媒介的利他惩罚中，无论有无代价，利他惩罚都显著释放了被试的负性情绪。而利他惩罚的代价的大小，和负性情绪的减少关联不显著。这与前人的研究结果并不一致，在 Feinberg 等人的研究中，利他惩罚代价和利他惩罚前后的主效应是显著的。这可能与实验具体操作有关，在前人的研究中，是以时间成本作为利他惩罚的代价的，而在本书的研究中，为了使操作更加量化，是以金钱作为利他惩罚的代价，并且潜在的获益者也是以

损失金钱为代价。惩罚有无代价，对惩罚力度的影响是显著的。公平感在其中起调节作用。高公平感的被试的惩罚力度要显著高于低公平感的被试的惩罚力度。

前人有研究表明，名誉性的惩罚可以将群体约束在一起，增强社会规范和规则，并且排斥那些改变了群体水平期望的人（Baumeister, Zhang, & Vohs, 2004）。在实验1中，助人者对不当获益人的惩罚金额与助人者的付出是呈比例的，这一点有可能制约助人者的行为。在真实网络环境中，网络利他惩罚具有惩罚代价的无形性的特点，如果对不当获益人的惩罚是对其名誉系统的定位或描述，那么他的这个标签也会被其他的游戏参与者看到，这对于不当获益者的惩罚将是长期性的。由于这一长期性的特点，以及金钱损失比例取消的原因，无论利他惩罚者自己有没有金钱损失，他们的关注点在于是否对不当获益的标签认定和对后来人的提醒上，那么有可能惩罚力度并没有显著性差异。

结果显示，无论是有代价的利他惩罚还是无代价的利他惩罚，只要被试进行了利他惩罚这一行为，就会显著减少被试的负性情绪。

而利他惩罚的代价的大小也显著影响被试的负性情绪的减少。这与Feinberg等人的研究结果一致。在Feinberg的研究中是以名誉管理作为利他惩罚的代价的，而在本书的实验1中，为了操作更加量化，是以金钱作为利他惩罚的代价，并且潜在的获益者也是以损失金钱为代价的，但是利他惩罚的代价这一因素的主效应不显著。在将信用为利他惩罚的力度考核指标之后，由于利他惩罚者所损失的金币是自己选择的，可能会有更强的主观的利他认知，所以负性情绪的减少也是显著的。

被试为了能够给不当获益者进行信用惩罚，更倾向于付出较高的代价。用惩罚力度（信用评价）作为因变量，实验2发现：惩罚有无代价，对惩罚力度的影响是不显著的。

在实验1中，在有代价惩罚的条件下，人们因为要付出自己的成本才有可能对群体的公平进行维护，出于对自己利益的考虑和群体公平的双重需要，人们对潜在获益者的惩罚往往受到限制，而在实验2中，对不当获益者的惩罚是信用惩罚，而被试自己可以对自己付出的代价进行定义，这样，就没有观察者和不当获益者损失钱币的直接的线性联系。当惩罚的力度为信用惩罚

8 讨 论

这一长期惩罚之后,利他惩罚的代价并不能成为左右惩罚力度的因素的时候,利他惩罚才能促进群体的公平,才能够发挥长效作用。

惩罚有无代价对惩罚力度没有显著影响,但是在被试的负性情绪缓解这一变量上有显著差异。这说明当信用成为惩罚力度的因素之后,被试更加相信利他惩罚的作用,有代价的利他惩罚更能够保证信用评价的生效,基于对利他惩罚结果的有效性较高,被试由于不公平事件引发的负性情绪的释放也就越大。

实验 2 是以信用为利他惩罚的力度考核指标,由于信托人和新的投资人都可以看到对不当获益者的信用评价,这就涉及两个含义,一是对不当获益者的惩罚,二是对潜在受害人的提醒。因为新投资人是可以看到观察者对其的信用评价的,这与网络购物的评价非常相似。新的潜在客户会看到老客户对商家过往行为的评价。这一评价的作用不仅仅是对不当获益者的惩罚,更多的是对潜在受害者的警醒。基于此,在代价惩罚阶段,被试尽管付出了金币,但是金币的付出使之更能够确认自己行为的作用,又能惩罚不当获益者,又能帮助潜在受害者,被试的负性情绪降低的程度更低。

在实验 2 中,对不当获益者的惩罚是信用惩罚,而被试自己可以对自己付出的代价进行定义,这样,就没有观察者和不当获益者损失钱币的直接的线性联系。当惩罚的力度为信用惩罚这一长期惩罚之后,利他惩罚的代价并不能成为左右惩罚力度的因素的时候,利他惩罚才能促进群体的公平,有长效的可能性。

实验 3 考察了金钱惩罚和信用惩罚同时存在的情况。在实验 3 中,被试为了能够给不当获益者进行信用惩罚,更倾向于付出较低的代价。这与实验 2 的结果是不一致的。这可能与被试同时进行了金钱惩罚和信用惩罚两种惩罚有关。被试在金钱惩罚阶段已经损失金钱,在信用惩罚阶段不愿意有更多的金钱损失。在混合情境,当被试需要付出金钱对不当获益者进行惩罚,并同时提醒潜在受害者时,被试并未对自己的损失产生过多的情绪变化,这说明情绪的变化主要是由利他这一行为引起的。

关于被试是更倾向于金钱惩罚还是更倾向于信用惩罚这一假设,尽管实验并未得出结论,但是在后续研究中,研究者也会继续讨论。

8.3 影响网络环境中利他惩罚的因素

8.3.1 性格特点的影响力

研究 2 参照对利他行为的研究框架,从人格特点因素和环境因素这两大方面研究网络环境中利他惩罚的影响因素。

实验 4 结果显示,特质移情与利他惩罚行为之间的相关显著($R=0.170$,$P<0.05$),说明特质移情越高的人,越容易采取利他惩罚的行为,有研究认为,高特质移情的人,在具体情境中,会产生高状态移情,即有较高的共情和情绪反应,而这种情绪反应,会促使他采取一系列措施来降低情绪反应。在本情境中,被试则会采取利他惩罚行为。社会价值取向与利他惩罚之间的相关显著,说明高社会价值取向的人,更倾向于采用利他惩罚行为,促进社会公平。特质移情可以显著预测利他惩罚行为。而社会价值取向从中起调节作用,高社会价值取向的人更倾向在不公平环境中采取更严厉的利他惩罚行为,以促进整个社会的公平和公正。这与前人的研究结果是相似的(Feinberg et al., 2012; Wang & Chen, 2012; 严进和王重鸣, 2002),同时也符合研究假设。

前人的研究表明:特质移情(trait empathy)是影响利他行为的重要变量。特质移情是一种认知他人观点,并能够理解他人感受的能力,能够促进亲社会行为的产生(Eisenberg, Fabes, & Spinrad, 2006)。之前有研究者认为,它是利他行为的重要因素。特质移情作为移情的重要的一方面,是一种较为稳定的人格倾向,这种倾向使个体对不同的情境以较为一致的方式做出反应(Vreeke & Vander Mark, 2003),并能显著地预测个体的助人行为。特质移情水平高的人,更倾向于宽恕他人,降低侵犯行为发生的概率(Schimel, Wohl & Williams, 2006)。个体的内隐的助人倾向与特质移情有密切关系。程德华、杨志良等人(2009)认为高特质移情的个体具有内隐助人的倾向,而低特质移情的个体的内隐助人的倾向并不明显。但是,也有研究者认为,特质移情的发生只是让个体意识到对方需要帮助,并非是促使当事人帮助他人的决定因素(Kenrick, Griskevicius, Sundie, Li, & Neuberg, 2009)。

有研究者认为社会价值取向是促使人们采用利他惩罚的重要因素,在一项试验中,高社会价值取向的人比低社会价值取向的人激起了更多的愤怒情绪,在采用利他惩罚手段后,愤怒情绪有更明显的释放的趋势。

在性格特点方面,特质移情通过状态移情影响利他行为,同时,也会对利他惩罚行为起作用。当个体有较强的特质移情倾向时,更能够体会不公平情境,并有可能被情境引起共情。共情只是引起被试情绪的前提条件,当个体具有高社会价值取向时,被试更倾向于采取行动,维护群体公平。同时,还有更多其他的个性特点的因素可能会对人们的利他惩罚决策起作用。这也是今后的一个研究方向。

8.3.2 旁观者效应是否存在

实验5采用了实验3的变式,增加了旁观者人数这一变量。实验结果显示:当以金钱作为媒介时,有代价惩罚的惩罚力度要显著小于无代价的惩罚力度。这说明,当利他的旁观者需要花费自己的金钱来换取对不当获益者的惩罚时,尤其是惩罚关系与自己的金钱损失呈线性联系时,观察者对不当获益人的惩罚都会有所顾虑,所以,当以金钱等物质作为对违反社会规范的人的惩罚工具时,可能会阻碍人们的利他惩罚的力度和热情。而无论是一个观察者还是多个观察者,当他们拥有对不当获益人的惩罚权限时,在多个观察者情境中,他们的行为和惩罚力度并未因为有他人的存在而变小。

当信用作为不当获益者的损失时,以信用为因变量,以旁观者的多少、惩罚有无代价为自变量做方差分析,结果显示:两者交互作用显著,旁观者的多少这一自变量主效应显著,惩罚有无代价主效应不显著。进一步的简单效应分析发现,在有代价惩罚条件下,多旁观者的信用评价的等级要显著高于一个旁观者的信用评价的等级。在无代价惩罚条件下,多旁观者的信用评价的等级和一个旁观者的信用评价的等级并没有显著差异。在一个观察者条件下,有代价的利他惩罚与无代价的利他惩罚的惩罚力度无显著差异,在多个观察者条件下,有代价的利他惩罚的信用评价等级要显著高于无代价的利他惩罚的信用评价等级。

由于在所有实验情境中，都是信托人不当获益，所以，对信托人的信用评级越低，才是对信托人的惩罚力度越大。所以由结果可以看出，在有代价惩罚的条件下，多旁观者对不当获益人的信用评级较高，相对于一个旁观者而言，也就是对其惩罚较小，这就是典型的旁观者效应。

因此，在网络环境中，当以声誉系统作为网络环境中维护网络公平的工具时，在有代价惩罚条件下，存在经典的旁观者效应，即多人对某一不当获益者或行为进行评价时，会受到人数的影响。因此，当对某一事物或品牌进行评判时，可以邀请或选用多人评价，但是彼此并不知晓，这样会增加声誉管理的严谨性和可信度。

在实验3中，有代价惩罚条件和无代价惩罚条件，对于信用评分并无显著影响。而在本实验中，在多个旁观者条件下，有代价惩罚制约了被试对不当获益人的信用评分。同样是声誉管理，多个评分者的分数进行平均这一措施，也会出现群体效应，在本研究中，出现中庸效应，即会给出一个比较中庸的分数，这可能与分数平均有关。在事后访谈中，被试提及，因为分数会和他人平均，会在公平的基础上给信托人一个相对较高的分数。这也是测量中不可避免的硬伤。

研究者认为，网络人际交往空间的隐蔽性较好地避免了"责任扩散"的可能性，即在网络环境中，群体中人数越多，就能获得越多的帮助（王小璐、风笑天，2008）。而有研究显示，在虚拟环境中，同样会出现旁观者效应。在网络环境中，有研究者认为，旁观者效应同样也会出现。在近期的研究当中，证明旁观者效应仍然会在新媒体内容中出现（Fischer, Krueger et al., 2011），并且存在网络旁观者效应（Palasinski, 2012）。有研究指出，在网上通过电子邮件求助时，电子邮件接收者包含人数会显著影响被试的助人意愿和助人的质量。而在虚拟社区的知识共享也显示出旁观者效应，即虚拟社区的规模显著影响知识共享的效率和质量。Markey对400个聊天室里的利他行为进行了相关研究，结果表明聊天室的人数和得到帮助所需要的时间显著正相关（Markey, 2000）。有研究者对电子邮件中的利他行为进行了实证探讨，表明其他人的在场减少了回复E-mail的意愿，但对E-mail不回复的人数与在场的其他人的人数不成比例（Carrie A. Blair, 2005）。

而在一个观察者的情况下,在有代价阶段有52.5%的被试选择信用惩罚,在无代价阶段58%的被试选择信用惩罚,与选择金钱惩罚并没有显著差异。由此可见,在多人评判过程当中,人们更加有对不当获益者进行名誉管理的倾向。而在结果分析中,研究者得知,对不当获益者的信用惩罚有旁观者效应的倾向,所以在实际操作中,尽管是多人评判,也要强调每个人在评判中的重要作用,避免中庸效应。

8.4 网络环境中利他惩罚的发生机制
——亲社会的促进作用

研究者认为网络提醒之所以起作用,与名誉(reputation)系统有关,即网络提醒中分享的信息会包含一些对个人或群体的名誉进行定位的信息,而个体或群体有维护自己的名誉系统的倾向。名誉系统可以促进合作并且制止自私自利(Wedekind & Milinski,2000)。研究三探讨网络环境中利他惩罚的发生机制。

神经科学的研究发现,高亲社会倾向的个体在面对不公平现象时,杏仁核的激活程度要显著高于低社会倾向的个体。杏仁核和不公平厌恶的知觉情绪反应相关(吴燕和罗跃嘉,2012)。而在前面的系列研究中,本书已经初步得出结论,在以金钱为媒介和以信用为媒介的利他惩罚中,无论是无代价惩罚还是有代价惩罚,在惩罚前后都会出现负性情绪的显著差异。本研究采用生物反馈技术,进一步验证这一结论,并研究在以被试的主观交流为载体的利他惩罚中,被试的利他动机与情绪之间的关系。

研究结果显示,编码者认为在网络提醒中,均含有对潜在受害者的保护和对信托人的警告与惩罚,即网络提醒为有效的利他惩罚。被试更倾向于保护、帮助投资者多于惩罚信托人。

HR、RP和SC也是反映负性情绪的显著指标。在观看不公平行为之后,被试的HR水平显著提高,RP水平显著提高,SC水平显著提高,即被试的平均心率、呼吸和皮电水平在利他惩罚之前的水平要显著高于平静状态下的水平。当被试产生负性情绪之后,研究者认为,负性情绪和被试的亲社会倾向会促使被试采取一定措施来降低自己的负性情绪水平。神经科学的研究发现,高亲社会倾向的个体在面对不公平现象时,杏仁核的激活程度要显著高于低社会倾向的个体。杏仁核和不公平厌恶的知觉情绪反应相关。本研究通过生理指标和被试的主观负性情绪评价,也得到这一结论,通过回归分析发现,目击了不公平事件的负性情绪,会有效地促进被试的亲社会的信息分享行为。

在网络提醒条件下,当被试行使了网络提醒的利他惩罚权力后,负性情绪有明显的减少。在负性情绪的作用下,人们的亲社会性会促使个体采取一系列行动来阻止不公平事件发生并平复自己的负性情绪。而在非网络提醒条件下,只是由于时间的间隔,尽管被试的负性情绪有所减少,但是并没有达到显著性水平。

在对被试的社会价值取向进行进一步研究分析时发现:高社会价值取向的人,比低社会价值取向的人的心跳频率更显著地降低。因此,可以得出结论:对潜在受害人进行有益的社会提醒,会促进被试的挫折情绪的释放并增加被试的积极情绪,它的作用比单纯地将自己的情绪描述出来的效果要明显。当被试观察到网络环境中的不公平现象时,具有亲社会价值取向的人的强烈的挫折情绪要显著高于低社会价值取向的人的挫折情绪。被试对自己信息的有效性的预测,可以显著地影响被试的情绪。

通过对被试的心率水平进行进一步分析发现,被试目击了欺骗行为发生之后,导致了心跳加快,而在控制环节,被试不能为即将发生的欺骗行为做任何事情,被试的负性情绪减少的频率就会少很多。这与之前的挫折假设是一致的,并且与之前的研究保持一致,前人的研究认为,愤怒和不公平感会增加对心血管的刺激(Levenson, Ekman, & Friesen, 1990)。这与被试的情绪自我报告是相互印证的。

8.5 网络环境中公平的维持
——网络提醒的作用

人类环境中之所以存在利他惩罚,是为了维护环境的公平,并从进化的角度来促进整个族群的发展。在网络环境中同样也是如此。最后一个研究考察在不同的利他惩罚实验条件下(高舆论控制、低舆论控制和无舆论控制时),被试作为利益既得者,对公平的追求和遵守情况,来验证利他惩罚对公平的促进作用,并考察社会价值取向和特质移情的作用。

在有网络提醒的情况下,被试更倾向于进行公平的网络互动,更能够尊重游戏规则,哪怕是在仅仅有观察者的情况下,被试的行为也会受到约束。实验结果显示,高舆论控制组(即在网络提醒环境中)的金钱回报是最高的。这符合我们的实验假设。

同时,本研究也是对影响网络环境公平性的研究,高舆论控制之所以会起作用,与个体的个人性格特点和价值观也密不可分。在前人研究中,高特质移情的被试会体会到更多的共情,而高共情是亲社会的必不可少的条件,因此,高特质移情的被试更能够体会到网络环境的不公平性,这种不公平性所带来的负性情绪和被试的亲社会倾向,会促使个体采用利他惩罚的方式,维护个体的情绪平衡和环境的长期整体公平。因此,情绪卷入个体对公平的维护非常重要。

被试的价值观也会显著影响公平的维持。当被试具有高社会价值取向,在游戏中更倾向于双赢的时候,整个环境则更倾向于一种长期稳定的动态平衡,即建立网络环境中的个体信誉和游戏规则。良性的名誉管理的彰显,会使个体的信誉处于一种较高水平,也会给投资人或其他买家以更好的与之合作的信心,同样,也会促进网络环境中的公平。

但是,网络环境的公平不能仅仅依靠个体的良好的性格特点和正确的价值观来维持,外部的规则确立也是非常重要的。只有有明确合理的外部规则,即畅通的意见表达渠道和良性的反馈与信用评价体系,网络环境中的整体名誉系统才能得以建立和维持。当良好的舆论环境建立之后,个体的行为则会受到合理的约束,正确的行为通过信誉的提高得以强化,而错误的行为则会在规则的约束下付出代价。人们在网络环境中的信心才得以确立,整个环境的公平才得以长期维持。

8.6 本研究的创新与不足之处

8.6.1 主要特色与创新之处

本研究的创新之处在于:

第一,吸取经济学和心理学研究的长处,用博弈实验研究范式来探讨网络环境中的利他惩罚,在国内还并不多见。目前对利他惩罚的研究多集中在经济学领域。利他惩罚作为一种在进化中保留的行为,与利己行为不同,行为主体不是从利他行为后果而是从利他行为本身获得效用;通过整体间的生存适应性补偿机制,利他者不仅可以战胜利己者得以存在和持续,而且利他惩罚行为还为人类走出囚徒困境提供了有力的保证(赵玉洁,2008)。在经济学领域,多用囚徒困境、信任博弈等范式对此进行研究。同样,在心理学研究领域,利他惩罚也是一种特殊的利他行为,目前对此的研究多集中在惩罚这一侧重点上(陈思静、马剑虹,2011;王沛和陈莉,2011)。而本研究既考虑了经济学中理性人的假设[①]和广义效用假说[②],还考虑了心理学中人和环境

[①] 理性人假设不但仍然保持了自利的本质内核,还对效用和自利概念进行了重新表述:效用是行为主体偏好满足过程中获得的生理或心理的满足状态,效用是偏好的函数;就这样偏好成了效用的代名词;自利就是追求偏好函数的最大化。

[②] 广义效用假说的基本思想是:在一般意义上,可以把人类所有行为都看作一个在资源约束条件下通过偏好选择实现效用最大化的过程。效用是行为主体偏好得到满足时的生理或心理状态。利己偏好的满足能够为行为主体带来效用,利他偏好的满足同样也能为行为主体带来效用。利己偏好和利他偏好构成行为主体两种相互竞争的偏好,个体的偏好不是利己的就是利他的。在资源有限的约束下,主体的偏好选择,取决于哪种偏好满足带来的效用更大,如果利己偏好满足带来的效用大于利他偏好满足带来的效用,那么行为主体将偏好于利己行为,反之如果利他偏好满足带来的效用大于利己偏好满足带来的效用,行为主体将偏好于利他行为。

的交互作用、生物学因素，将个体的性格特点和环境的影响纳入对利他惩罚的形成与发生的过程当中，探讨网络环境中的利他惩罚的典型行为、影响因素和发生机制。

第二，在研究中，采用自我报告和生物反馈仪采集生理指标共同检测情绪的变化，结果更具有客观性。在心理学研究中，情绪是重要的研究因素，但是由于情绪的稍纵即逝和变化性，对情绪指标的测量也显得尤为重要。采用自我口头报告的办法，总是被更严谨的学科所质疑。在本研究中对发生机制的探讨环节，采用自我报告和生物反馈采集的瞬间生理指标作为考量工具，使结果更具有客观性和可重复性。

第三，以网络提醒为利他惩罚的操作变量，探讨在网络环境中利他惩罚的影响机制，用实验法来试图解决网络环境中的公平维护问题。在研究范式的考虑中，在尽量保留实验的生态效度的前提下，筛选出网络提醒作为网络环境中利他惩罚的操作性指标，既保留了网络环境中利他惩罚的真实性，又能够用客观化的指标进行基础性研究。网络提醒和网络评价一样，都是网络环境中名誉管理的重要手段，在网络购物信用管理、网络印象维护等方面具有重要的意义。通过对网络环境中利他惩罚的研究，探讨利他惩罚在网络名誉管理的重要作用，对于网络环境净化和网上信誉维持的意义非常重大。本研究仅仅是将网络提醒作为网络环境中的自发维持公平的手段作为突破口，试图理清网络环境中的公平维护问题。

8.6.2 不足与展望

本研究通过对利他惩罚和网络利他惩罚的典型行为与特点的比较、梳理，找出典型的网络利他惩罚行为，并通过计算机模拟情境，采用经典的信任博弈实验范式，探讨网络利他惩罚中金钱和信用的重要性，并研究影响网络利他惩罚的因素，采用网络利他惩罚的典型行为——网络提醒，探讨其发生的机制，并通过反向验证的方法，考察其对网络环境中公平的影响。同样，本研究存在一些不足之处：①样本方面。为了尽可能保持真实性，本研究的样本多为海报招募被试和网络收集被试数据，但是仍然以大学生被试为主。本研究为基础性研究，以考察人们的倾向性和反应为主。未来研究需进一步选取多样化的被试群体来考察,尤其是影响因素研究,不同年龄段的人的社会价值取向和行为偏好会有其一定的特点。②研究范式方面。在网络环境中,真实的网络环境往往包含着很多影响因素。用实验法对其进行研究,只能抓住其主要特点,本书也只能抓住其一次博弈性、虚拟性等特点,采用信任博弈实验范式对其进行研究,同样,网络环境中的利他惩罚多种多样,在实验中,最初只能采用金钱来代表所有的物质,信用来代表所有的非物质的抽象因素。在实验中还要反复检验被试对题目的理解是否同实验设计一样,被试数据的流失率较高,这也与实验较为复杂有关。在未来研究中,要考虑采用更能够贴近真实情境的研究范式,可以尝试采用创造虚拟的网络购物环境或者虚拟网络求助环境来进行实验操作。③变量选择方面。影响因素多种多样,本书仅仅参照对利他行为的研究,选取性格特点和旁观者效应这两点进行研究,有将影响因素割裂开来的嫌疑。在后续研究中,要综合考虑多种因素,尽可能将影响因素研究整合到一个大的研究框架之内。④研究技术方面。在对利他惩罚的研究中,已经有研究者利用核磁共振成像术(FMRI)和事件相关电位(ERP)等神经科学技术对神经生理机制进行研究,但从可供采用的技术手段来说,研究诸如利他惩罚这种带有复杂的社会和文化内容的行为,并不能仅止于运用目前流行的研究手段(脑成像)得出一些脑区的激活;正如核磁技术本身,虽然具有良好的空间分辨率,但是时间分辨率较差(Logothetis,2008),并不利于我们在时间进程上的认知分析,因此,在后续研究中,一方面要结合先进的技术,另一方面还要考虑研究变量的具体特点,设计可行的研究方法(李佳等,2012)。⑤生态效度方面。本研究为基础性研究,尽管网络利他惩罚的作用在网络购物信用管理,网络舆论监督,网络求助等方面均有体现,但是,浓缩的基础研究不可能考虑面面俱到,本研究的结论若要往具体场景推广,还需做大量的基础研究和现场试验,增加其生态效度。

9　研究结论

（1）通过问卷调查，得出五个结论。①情境对人们的利他倾向性有一定的影响。在低危险低紧急情境中，最容易发生利他行为，其次分别是低危险高紧急、高危险低紧急、高危险高紧急。与紧急性比较，危险性对利他行为的影响有更重要的作用，低危险性的情境更易引发利他行为和利他惩罚行为。②在网络环境中，网络诈骗是人们最常遇到的网络不公平事件，其次是网络信息泄露和网络安全问题，然后是网络欺负问题，如网络诽谤和网络侮辱等。③与现实环境比较，网络环境中的利他行为具有迷惑性、匿名性、快捷高效性、广泛性和易得性的特点。④网络环境中的利他惩罚，与现实生活中的相比，有如下特点：安全性，结果有效性高，免责性，惩罚力度小，惩罚意愿强，惩罚代价的无形性和惩罚指向的分散性。⑤在网络环境中，人们更倾向用积极的方式应对不公平事件，典型的利他惩罚行为是网络提醒。

（2）在以金钱为媒介的利他惩罚中，无论有无代价，利他惩罚都显著释放了被试的负性情绪。而利他惩罚的代价的大小，和负性情绪的减少关联不显著。惩罚有无代价，对惩罚力度的影响是显著的。公平感在其中起调节作用。高公平感的被试的惩罚力度要显著高于低公平感的被试的惩罚力度。在以信用为媒介的利他惩罚中，惩罚有无代价和利他惩罚的代价的大小也均显著影响被试的负性情绪。而惩罚有无代价，对惩罚力度的影响是不显著的。当惩罚的力度为信用惩罚这一长期惩罚之后，利他惩罚的代价并不能成为左右惩罚力度的因素的时候，利他惩罚才能促进群体的公平，才能够发挥长效作用。在混合情境中，情绪的变化主要是由利他这一行为是否起作用引起的。

(3) 特质移情与利他惩罚行为之间显著相关；社会价值取向与利他惩罚之间显著相关；特质移情可以显著预测利他惩罚行为，而社会价值取向从中起调节作用；高社会价值取向的人更倾向在不公平环境中采取更严厉的利他惩罚行为，以促进整个社会的公平和公正。

(4) 在对网络旁观者效应的考察中，研究发现：当以金钱作为媒介时，有代价惩罚的惩罚力度要显著小于无代价的惩罚力度，而无论是一个观察者还是多个观察者，当他们拥有对不当获益人的惩罚权限时，在多个观察者情境中，他们的行为和惩罚力度，并未因为有他人的存在而减少。将信用作为不当获益者的损失时，在有代价惩罚条件下，多旁观者的信用评价的等级要显著高于一个旁观者的信用评价的等级，即出现了典型的旁观者效应，当对某一事物或品牌进行评判时，可以邀请或选用多人评价，但是彼此并不知晓，这样会增加声誉管理的严谨性和可信度。无论是多个旁观者还是一个旁观者，人们对金钱惩罚和信用惩罚并未出现明显偏好。在多人评判过程当中，人们更加有对不当获益者进行名誉管理的倾向，在实际操作中，尽管是多人评判，也要强调每个人在评判中的重要作用，避免中庸效应。

(5) 通过生物反馈仪和主观判断对利他惩罚的心理机制的研究，得出如下结论：①生物反馈仪可以测试的四大指标——平均心率（HR）、呼吸（RP）、皮温（TM）、皮电（SC）当中，平均心率是最能够反馈瞬时情绪变化的指标，也是反映网络提醒的最明显的指标；②当被试目击了欺骗行为发生之后，被试的 HR、RP 和 SC 都存在显著水平的差异；③在网络提醒中，均含有对潜在受害者的保护和对信托人的警告与惩罚，即网络提醒为有效的利他惩罚，被试更倾向于保护、帮助投资者多于惩罚信托人；④当不公平行为发生后，被试会产生负性情绪，负性情绪和被试的亲社会倾向会促使被试采取一定措施来降低自己的负性情绪水平；目击了不公平事件的负性情绪，会有效地促进被试的亲社会的信息分享行为，被试的社会价值取向起调节作用；⑤在网络提醒条件下，当被试行使了网络提醒的利他惩罚权力后，负性情绪有明显的减少；在负性情绪的作用下，人们的亲社会性会促使个体采取一系列行动来阻止不公平事件发生并平复自己的负性情绪。而在非网络提醒条件下，只是由于时间的间隔，尽管被试的负性情绪有所减少，但是并没有达到显著性水平；⑥愤怒和不公平感会增加对心血管的刺激。被试的亲社会反应有可能并不是由特定的要求驱动的,而是由弥散的亲社会倾向所驱动的。被试对自己信息的有效性的预测,可以显著地影响被试的情绪。

(6)研究者通过考察在不同的舆论控制条件下,信托人对获益的分配公平性,即不同水平的利他惩罚对公平的影响,结论如下:①舆论控制会显著影响网络环境的公平,在有网络提醒的情况下,被试更倾向于进行公平的网络互动,更能够尊重游戏规则,哪怕是在仅仅有观察者的情况下,被试的行为也会受到约束;②在高、低特质移情条件下,舆论控制的组间差异显著;③无论是在高舆论控制组、中舆论控制组,还是在低舆论控制组,高社会价值取向与低社会价值取向的被试金钱回报差异显著,高社会价值取向的被试的金钱回报都会显著高于低社会价值取向的被试。这说明社会价值取向的调节作用显著。而在特质移情方面,在高舆论控制组和低舆论控制组,高特质移情与低特质移情的金钱回报差异显著,而在中舆论控制,即观察组,差异不显著。这说明,特质移情的调节作用并不明显。

(7)网络提醒的本质作用是促进网络环境的公平性,它通过舆论监督的方式起作用。

参考文献

陈思静，马剑虹.（2011）.第三方惩罚与社会规范激活——社会责任感与情绪的作用.心理科学，34（3）：670-675.

陈叶烽.（2010）.社会偏好的检验：一个超越经济人的实验研究.浙江大学博士论文.

丁道群，沈模卫.（2005）.人格特质、网络社会支持与网络人际信任的关系.心理科学，28（2）：300-303.

丁迈，陈曦.（2008）.网络环境下的利他行为研究.现代传播，3：35-37.

高宪芹.（2010）.利他主义行为研究的概述.黑河学刊，14：43-44.

顾海根，郑显亮.（2012）.人格特质与网络利他行为——自尊的中介作用.中国特殊教育，2：69-75.

顾海根，郑显亮.（2011）.大学生网络利他行为量表的编制.中国临床心理学杂志，19（5）：606-608.

郭玉锦，王欢.（2010）.网络社会学.北京：中国人民大学出版社：142-158.

韩丽颖.（2005）.特质移情和状态移情及其对助人行为的影响研究.东北师范大学硕士论文.

李佳，蔡强，黄禄华，等.（2012）.利他惩罚的认知机制和神经生物基础.心理科学进展，20（5）：682-689.

彭庆红，樊富珉.（2005）.大学生网络利他行为及其对高校德育的启示.思想理论教育导刊，12：49-51.

彭茹静.（2003）.利他主义行为的理论发展研究.江西社会科学，7：221-223.

王沛，陈莉.（2011）.惩罚和社会价值取向对公共物品两难中人际信任与合作行为的影响.心理学报，43（01）：52-64.

王小璐, 风笑天. (2008). 网络中的青少年利他行为新探. 广东青年干部学院学报, 18 (3): 16-19.

王雁飞. (2003). 利他主义行为发展的理论研究述评. 华南理工大学学报, 5 (4): 37-41.

温忠麟, 侯杰泰. (2005). 调节效应与中介效应的比较和应用. 心理学报, 37 (2): 268-274.

吴燕, 罗跃嘉. (2012). 利他惩罚中的结果评价——ERP研究. 心理学报, 43 (6): 661-673.

严进, 王重鸣. (2000). 两难对策中价值取向对群体合作行为的影响. 心理学报, 32 (3): 332-336.

严进, 王重鸣. (2002). 两难情景下任务结构与价值取向的效用特征转换. 心理学报, 34 (5): 529-553.

严进, 王重鸣. (2003). 群体任务中合作行为的跨阶段演变. 心理学报, 35 (4): 499-503.

杨春学. (2001). 利他主义经济学的追求. 经济研究, 4: 82-90.

叶航. (2005). 利他行为的经济学解释. 经济学家, 4: 92-98.

叶航, 等. (2005). 作为内生偏好的利他行为及其经济学意义. 经济研究, 8: 84-94.

章滢. (2005). 大学生利他行为、移情能力及其相关研究. 南京师范大学硕士论文.

赵欢欢, 张和云, 刘勤学, 等. (2012). 大学生特质移情与网络利他行为网络社会支持的中介作用. 心理发展与教育, 5: 491-499.

赵玉洁. (2008). 利他偏好的内生模型及其经济学解释. 经济经纬, 2: 5-8.

郑显亮. (2010). 大学生网络利他行为: 量表编制与多层线性分析. 上海师范大学博士论文.

郑显亮, 等. (2011). 大学生网络利他行为量表的编制. 中国临床心理学杂志, 19 (5): 606-608.

Barron, G., Yechiam, E. (2002). Private e-mail requests and the diffusion of responsibility. *Computers in Human Behavior*, 18: 507-520.

Blair, et al. (2005). Electronic Helping Behavior The Virtual Presence. *Basic* and Applied Social Psychology, 27 (2): 171-178.

Blount, S. (1995). When Social Outcomes Aren't Fair the Effect of Causal Attributions on Preferences. *Organizational Bwhgavior and Human Decision Preocesses*, 63 (2): 131-144.

Bowles, S.and H. Gintis (2004). The evolution of strong reciprocity: cooperation in heterogeneous populations. *Theoretical Population Biology*, 65 (1): 17-28.

Boyd, R., et al. (2003). The evolution of altruistic punishment. *Proc Natl Acad Sci USA*, 100 (6): 3531-3535.

Camerer, C.and R. H. Thaler (1995). Anomalies Ultimatums, Dictators and Manners. *Journal of Economic Perspectives*, 9 (2): 209-219.

Carrie A. Blair, L. F. T., and Karl L. Wuensch (2005). Electronic Helping Behavior: The Virtual Presence or of Others Makes a Difference. *Basic and Applied Social Psychology*, 27 (2): 171-178.

Charness, G., et al. (2008). An investment game with third-party intervention. *Journal of Economic Behavior & Organization*, 68 (1): 18-28.

Cramer, R., et al. (1988). Subject competence and minimization of the bystander effect. *Journal of Applied Social Psychology*, 18: 1133-1148.

Darley, J. M.and Latane. (1968). Bystander intervention in emergencies: Diffusion of responsibility. *J Pers Soc Psychol*, 8: 377-383.

Delgado, M. R., et al. (2005). Perceptions of moral character modulate the neural systems of reward during the trust game. *Nat Neurosci*, 8 (11): 1611-1618.

Dreu, C. K. W. D.and C. McCusker. (1997). Gain-Loss Frames and Cooperation in Two-Person Social Dilemmas: A Transformational Analysis. *Jottrrlal of Personality and Social Psychology*, 72 (5): 1093-1106.

T Greitemeyer, et al. (2007). Civil courage: Implicit theories, determinants, and measurement. *Journal of Positive Psychology*, 2: 115-119.

Fehr and S. Gächter. (2002). Altruistic punishment in humans. *Nature*, 415: 137-140.

Fehr and Ginis. (2007). Human Motivation and Social Cooperation: Experimental and Analytical Foundations. *Annual Review of Sociology*, 33: 43-64.

Fehr, E.and U. Fischbacher. (2004). Third-party punishment and social norms. *Evolution and Human Behavior*, 25 (2): 63-87.

Fehr, E.and S. Gächter. (2000). Cooperation and Punishment in Public Goods Experiments. *The American Economic Review*, 90 (4): 980-994.

Fehr, E.and B. Rockenbach. (2004). Human altruism: economic, neural, and evolutionary perspectives. *Curr Opin Neurobiol*, 14 (6): 784-790.

Feinberg, M., et al. (2012). The virtues of gossip: Reputational information sharing as prosocial behavior. *Journal of Personality & Social Psychology*, 102 (5): 1015-1030.

Fischer, P., et al. (2006). The unresponsive bystander: are bystanders more responsive in dangerous emergencies? *European Journal of Social Psychology*, 36 (2): 267-278.

Fischer, P., et al. (2011). The bystander-effect: a meta-analytic review on bystander intervention in dangerous and non-dangerous emergencies. *Psychol Bull*, 137 (4): 517-537.

Greitemeyer, T., et al. (2006). Civil Courage and Helping Behavior. *European Psychologist*, 11 (2): 90-98.

Hamilton. (1964a). Effects of sex, conversation, location, and size of observer group on bystander intervention in a high risk situation. *Sociometry*, 37: 491-507.

Hamilton. (1964b). The effect of the number of people present in a nonemergency situation. *The Journal of Social Psychology*, 92: 27-29.

Hardy, C. L.and M. Van Vugt. (2006). Nice guys finish first: the competitive altruism hypothesis. *Pers Soc Psychol Bull*, 32 (10): 1402-1413.

Harris, V.and C. Robinson. (1973). Bystander intervention: Group size and victim status. *Bulletin of the Psychonomic Society*, 2 (1): 8-10.

Henrich, J., et al.(2001).In Search of Homo Economicus Behavioral Experiments in 15 Small-Scale Societies. *Aea Papers and Proceedings*, 91 (2): 73.

Henrich, J., et al. (2006). Costly punishment across human societies. *Science*, 312 (5781): 1767-1770.

Hurley, D.and B. Allen. (1974). The Effect of the Number of People Present in a Nonemergency Situation. *The Journal of Social Psycholog*, 92: 27-29.

Kahneman, D., et al. (1986). Fairness and the Assumptions. *Journal of Businiess Uoianal of Busmvs*, (59): 4.

Karabenick, S. A. and Knapp, J. R. (1988). Effects of computer privacy on help-seeking. *Journal of Applied Social Psychology*, 18: 461—472.

King-Casas, B., et al. (2005). Getting to know you: reputation and trust in a two-person economic exchange. *Science*, 308 (5718): 78-83.

Knoch, D., et al. (2006). Diminishing reciprocal fairness by disrupting the right prefrontal cortex. *Science*, 314 (5800): 829-832.

Kozlov, M. D. and M. K. Johansen. (2010). Real Behavior in Virtual Environments: Psychology Experiments in a Simple Virtual-Reality Paradigm Using Video Games. *Cyberpsychology, behavior, and social networking*, 13 (6): 711-714.

Krueger, J. and A. L. Massey. (2009). A rational reconstruction misbehavior. *Social Cognition*, 27 (5): 786-812.

Lewis, C. E., et al. (2004). The impact of recipient list size and priority signs on electronic helping behavior. *Computers in Human Behavior*, 20 (5): 633-644.

Markey, P. M. (2000). Bystander intervention in computer-mediated communication. *Computers in Human Behavior*, 6: 183-188.

Martin-Soelch, Lecnders, K. L., Chevalley, AF, et al. (2001). Reward mechanisms in the brain and their role in dependence: evidence from neurophysiological and neuroimaging studies. *Brain Research Reviews*, 36 (2001): 139-149.

Mifune, N., et al. (2010). Altruism toward in-group members as a reputation mechanism. *Evolution and Human Behavior*, 31 (2): 109-117.

Misavage, R. and Richardson, J. T. (1974). The focusing of responsibility: An alternative hypothesis in help demanding situations. *European Journal of Social Psychology*, 4 (1): 5-15.

Palasinski, M. (2012). The roles of monitoring and cyberbystanders in reducing sexual abuse. *Computers in Human Behavior*, 28 (6): 2014-2022.

Pantin, H. M. and C. S. Carver. (1982). Induced competence and the bystander effect. *Journal of Applied Social Psychology*, 12: 100-111.

Penner, L. A., et al. (2005). Prosocial behavior: multilevel perspectives. *Annu Rev Psychol*, 56: 365−392.

Rilling, J. and Sanfey, A. G. (2011). The neuroscience of social decision-making. *Annual Review of Psychology*, 62 (1): 23−48.

Schroeder, D. A., et al. (1998). The psychology of helping and altruism: Problems and puzzles. *Contemporary Psychology*, 43 (2): 108−109.

Seymour, B., et al. (2007). The neurobiology of punishment. *Nat Rev Neurosci*, 8 (4): 300−311.

Spitzer, M., et al. (2007). The neural signature of social norm compliance. *Neuron*, 56 (1): 185−196.

Thaler, R. H. (1988). Anomalies The Ultimatum Game. *Journal of Economic Perspectives*, 2 (4): 195−206.

van den Bos, K., et al. (2009). Helping to overcome intervention inertia in bystander's dilemmas: Behavioral disinhibition can improve the greater good. *Journal of Experimental Social Psychology*, 45: 873−878.

Wang, C. C. and Wang, C. H. (2008). Helping Others in Online Games Prosocial Behavior in Cyberspace. *Cyberpsychology & Behavior*, 11 (3): 344−346.

Wang, P. and Chen, L. (2012). The Effects of Sanction and Social Value Orientation on Trust and Cooperation in Public Goods Dilemmas. *Acta Psychologica Sinica*, 43 (1): 52−64.

Weber, J. M., et al. (2004). A conceptual review of decision making in social dilemmas: Applying a logic of appropriateness. *Pers Soc Psychol Rev*, 8 (3): 281−307.

Wischniewski, J., et al. (2009). Rules of social exchange: Game theory, individual differences and psychopathology. *Neurosci Biobehav Rev*, 33 (3): 305−313.

附 录

附录一 实验1截图

附 录

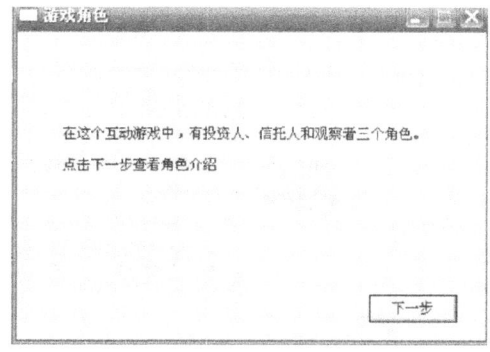

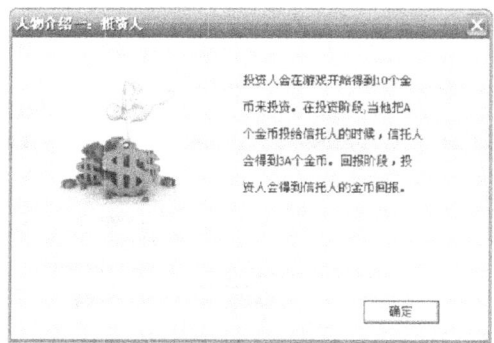

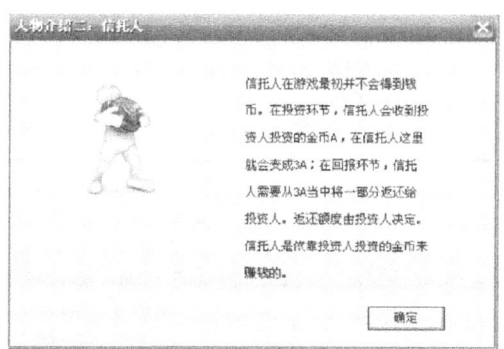

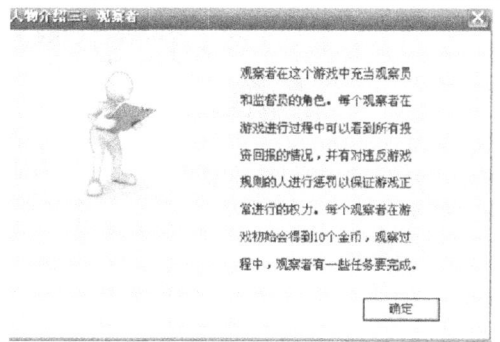

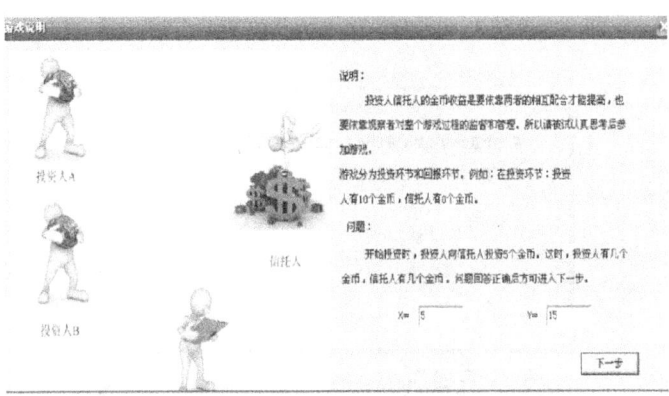

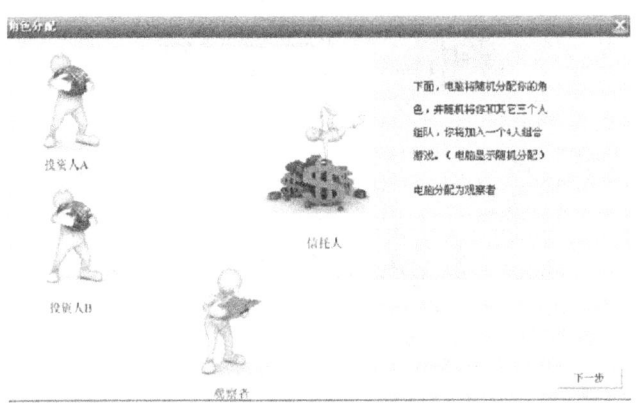

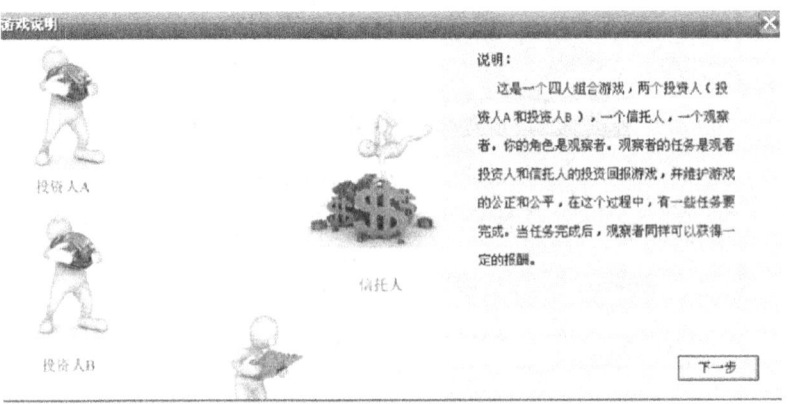

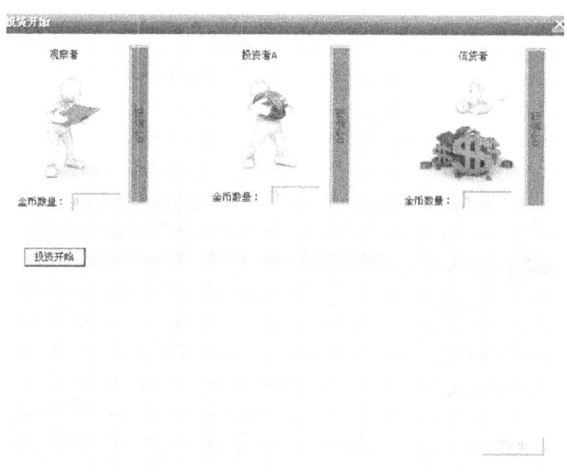

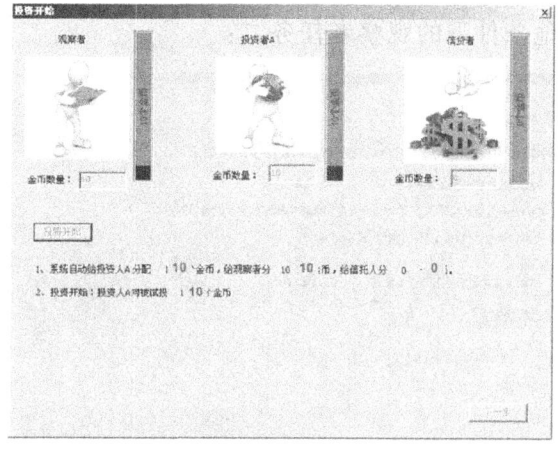

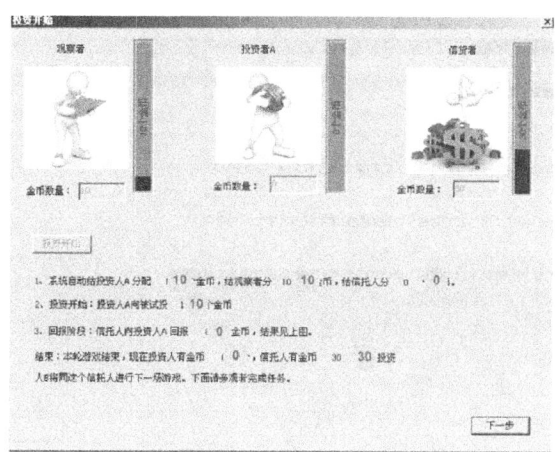

在有代价利他条件下的观察者任务二:

附 录

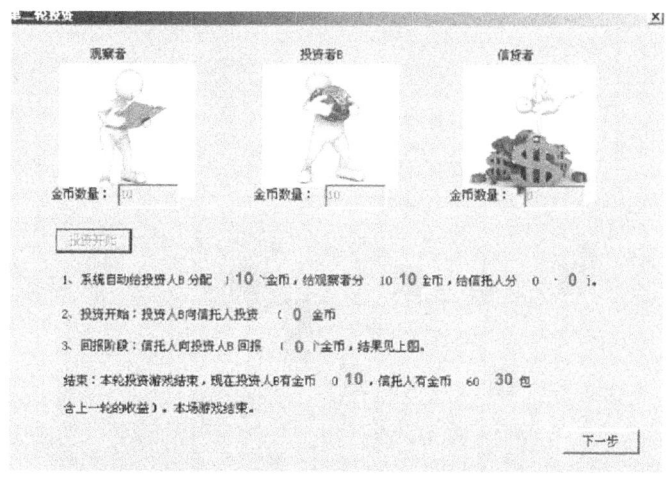

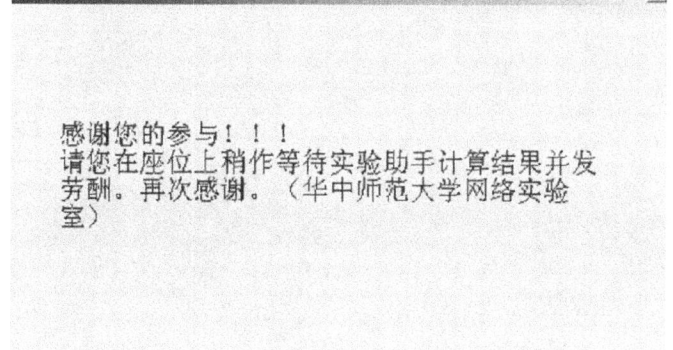

感谢您的参与！！！
请您在座位上稍作等待实验助手计算结果并发劳酬。再次感谢。（华中师范大学网络实验室）

在无代价利他条件下的观察者任务二:

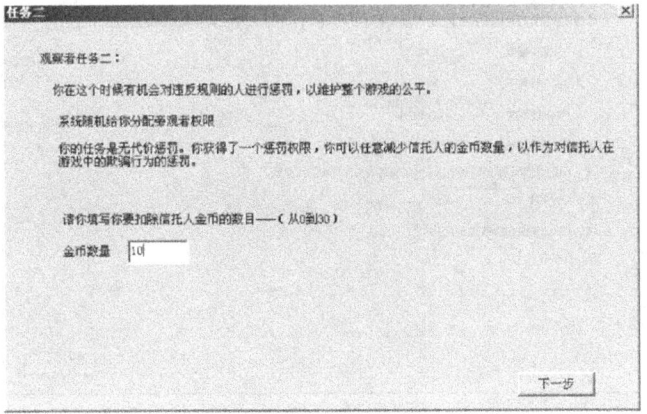

附录二 实验2截图

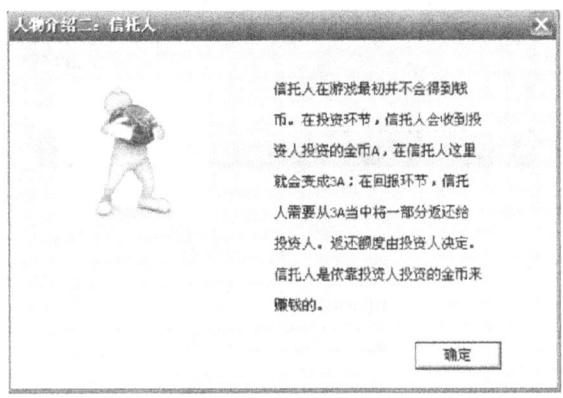

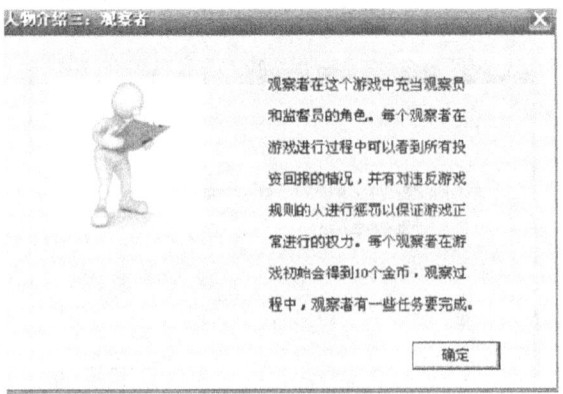

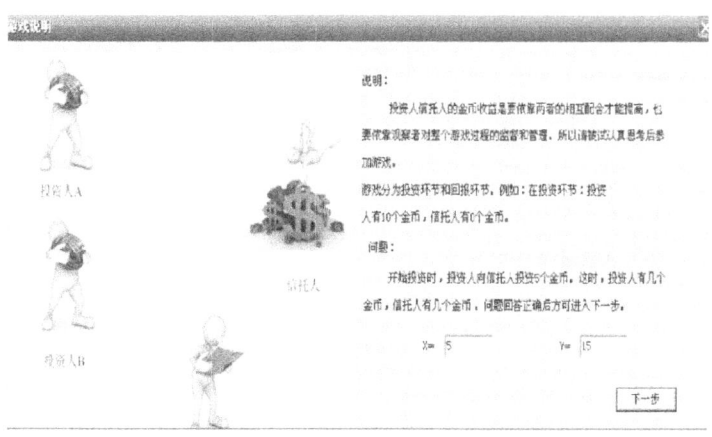

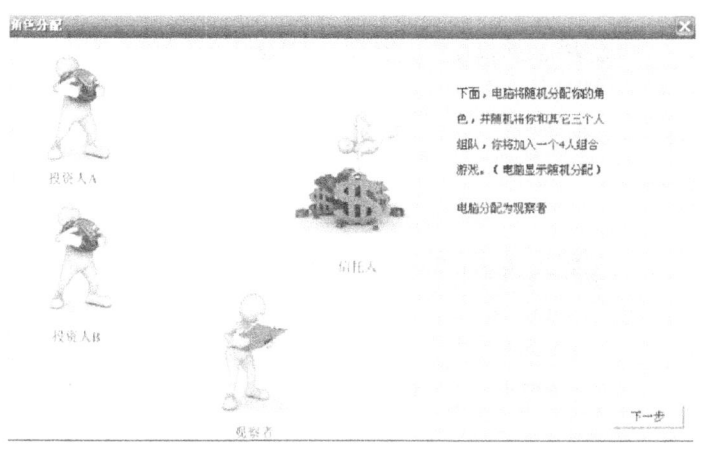

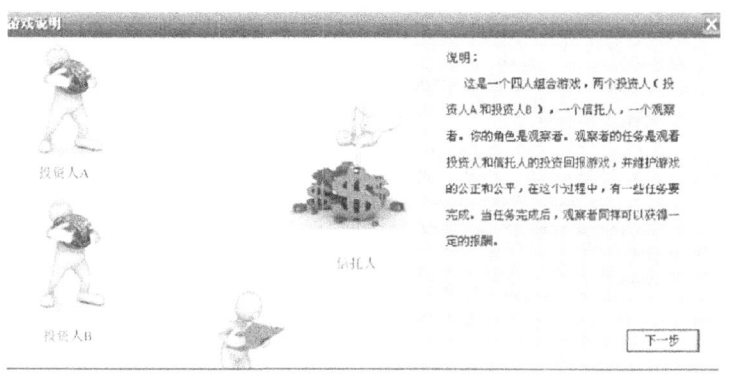

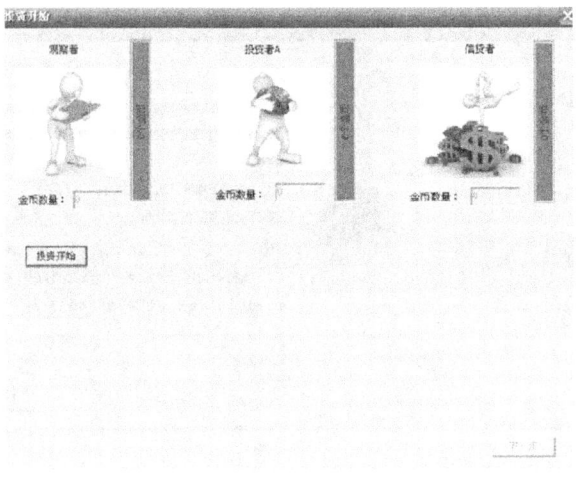

观察者任务二：

你在这个时候有机会对违反规则的人进行信誉评价，以维护整个游戏的公平

系统随机分配观察者权限

你的任务是有代价惩罚，你要付出一点金币以获得对信托人进行评价的权限。这个数额是保密的，将根据你对信托人评价的分值有所变化。你对信托人评价的分值越低，金额可能就越大。（注意：点提交后不能更改，这个评价信托人与观察者都可以看到）

你首先对信托人的信用进行评价，1（很没有信...

信用评价：_____

你愿意为这个评价付出的金币数额（从1到10）

金额：_____   [提交]

提交通过！ [确定]

[下一步]

任务三

观察者任务三：

完成下列问卷：

1. 你认为这个惩罚方式对信托人的约束作用有多大？（从1到100）_____

2. 你认为这个惩罚方式对整个投资回报的作用有多大？（从1到100）_____

3. 你认为你的这个行为对整个组织的公平有多大的促进作用？（从1到100）_____

[Next]

任务四

观察者任务四：

请你思考后回答：

1. 请你体察在你使用完惩罚权利后的情绪，并对如下情绪从1（感觉很微弱）到100（感觉很强烈）进行评分。

  a、受挫折程度　　分数：_____
  b、苦恼程度　　　分数：_____
  c、被激怒程度　　分数：_____

2. 负性情绪释放问卷，共有两道题目：（从1到100计分）

 （1）当你行使了惩罚权利之后，你的情绪有多大程度的释放？
   分数：_____

 （2）总的来说你的感觉好了几分？
   分数：_____

[Next]

在实验情境二中，被试接受的指令是：

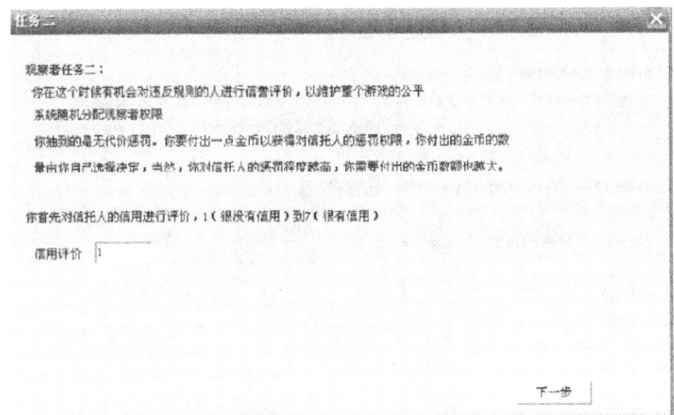

附录三　实验3截图

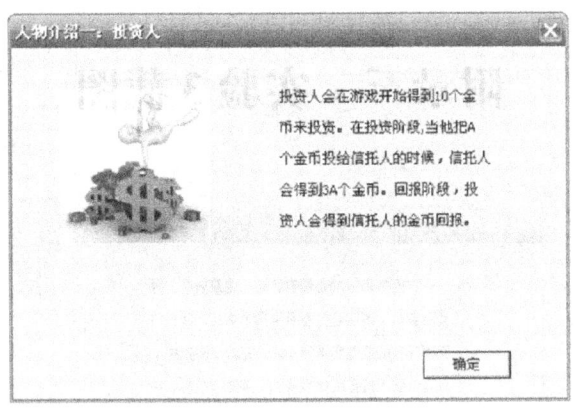

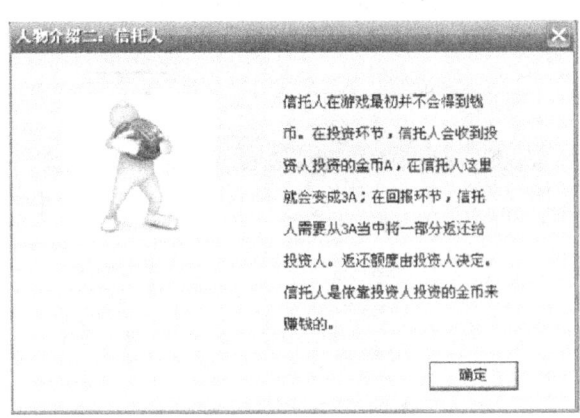

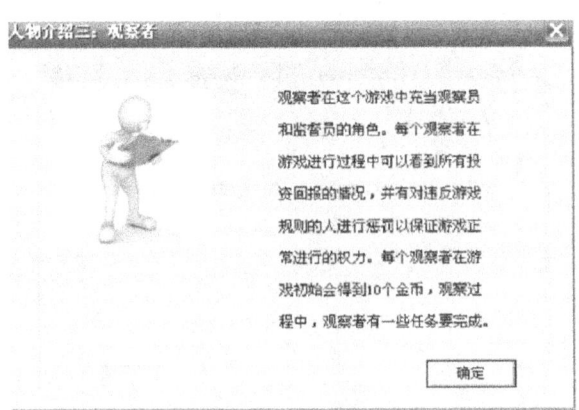

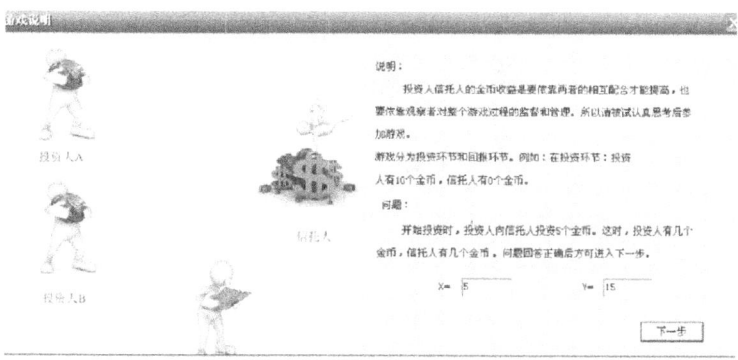

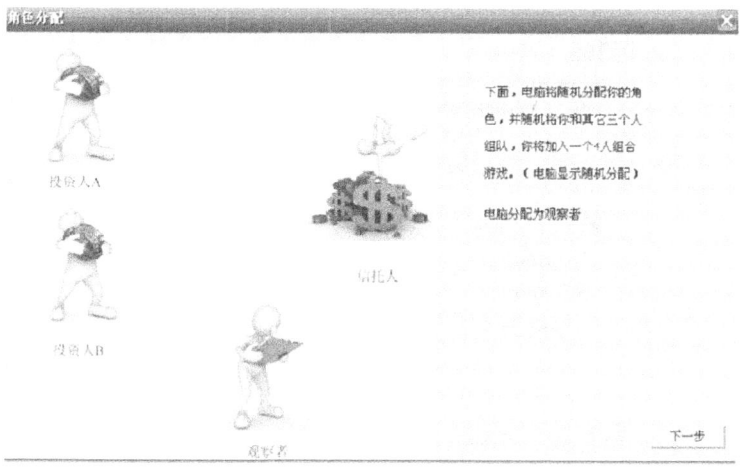

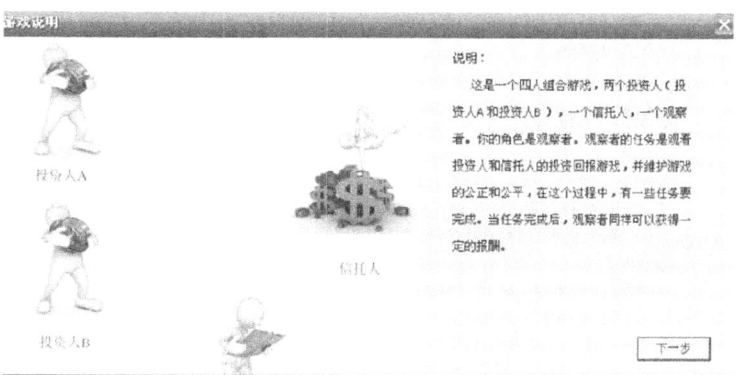

附 录

任务二

观察者任务二：
你在这个时候有机会对违反规则的人进行信誉评价，以维护整个游戏的公平
系统随机分配观察者权限
你抽到的是有代价惩罚。你要付出一点金币以来得对信托人的惩罚权限，你付出的金币的数量是由你自己选择决定，当然，你对信托人的惩罚程度越高，你需要付出的金币数额也越大。
你的惩罚方式有两种，

1.金币惩罚：
你要付出一点金币以获得扣除信托人的金币……托人就会减少5个金币。请你填写你愿意付出的金币数量——（从0到10）。

金币数量

2.信用惩罚：你要付出一点金币以获得对信……额是保密的，将根据你对信托人评价的分值有所变化。你对信托人的信誉评价越低，你付出的金额可能就越大。（注意：点提交后不能更改）请你首先对信托人的信用进行评价，1（极没有信用）到7

信誉评价

你愿意为这个评价付出的金币数额为：（从1到10）

3.在这种情况下，如果只能选择一种惩罚方式，你更愿意采用哪种方式？
○ 1.金币惩罚   ○ 2.信用惩罚

任务三

观察者任务三：

完成下列问卷

1.你认为这个惩罚方式对信托人的约束作用有多大？（从1到100）

2.你认为这个惩罚方式对整个投资回报的作用有多大？（从1到100）

3.你认为你的这个行为对整个组织的公平有多大的促进作用？（从1到100）

任务四

观察者任务四：

请你思考后回答：
1.请你体察在你行使完惩罚权利后的情绪，并对如下情绪从1（感觉很微弱）到100（感觉很强烈进行评分。）

a、失落折程度   分数：
b、苦恼程度   分数：
c、愤激怒程度   分数：

2.负性情绪释放问卷，共有两道题目：（从1到100)计分）
（1）当你行使了惩罚权利之后，你的情绪有多大程度的释放？
分数：
（2）总的来说你的感觉好了几分？
分数：

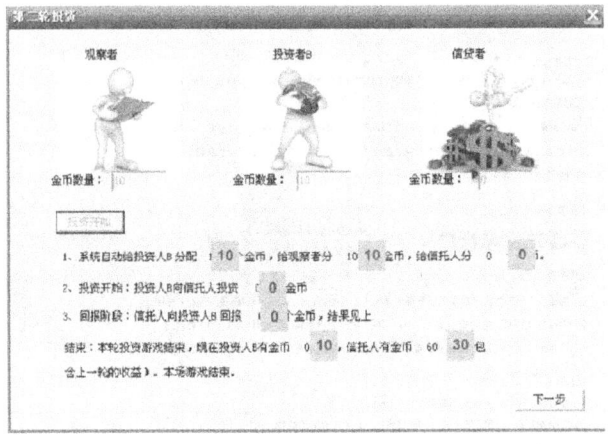

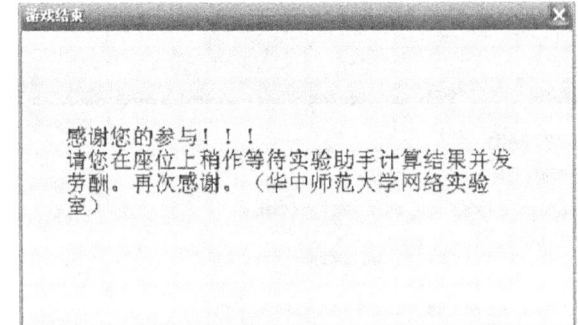

在实验情境二中，被试接受到的指示为：

附录四　实验5程序截图

网址：http://psygame.sinaapp.com/1/

实验5是在网页上进行的实验，当被试点击网址时，网页上就会出现以下问卷和内容。

欢迎加入实验。

欢迎你来参见心理学实验。这是一个人际交互实验，本实验主要是考察个体在人际投资回报环节的反应和情绪变化。在这个游戏中，你会分到一些金币作为筹码，并进行投资。在游戏结束时，会根据筹码的比例换成真实的钱币发给您。游戏中您填入的个人信息都是保密的。

个人信息：

姓名：

学号：

电话：

性别：

游戏介绍：

这个游戏中有三个角色：投资人、信托人、观察者。

投资人：在游戏的开始时得到10个金币，在投资阶段，当他把A个金币投给信托人时，信托人会得到3A个金币。在回报阶段，投资人会得到信托人的金币回报。

信托人：在游戏开始不会得到金币，在投资环节，信托人收到投资人的A个金币，在他这里会变成3A个金币，在回报环节，信托人需要将3A个金币的一部分返还给投资人。返回的金币数由信托人决定。

观察者：在游戏中可以看到所有的投资回报情况。每个观察者在游戏的开始会得到10个金币，游戏过程中，观察者要完成一些任务。

开始投资时，投资人向信托人投资5个金币，这时：

投资人有几个金币　　　　信托人有几个金币

第一轮投资介绍：

这个游戏由8个人一起玩，其中有2个投资人，1个信托人，5个观察者。

观察者的任务：观看投资人与信托人的投资回报过程，维护游戏的公平公正，完成一定的任务，在任务完成后，会获得一定的报酬。

注意：在这个游戏里有5个观察者，观察者之间不能看到相互的任务完成情况，但是，回答的一部分结果会与其他的观察者的回答进行平均处理，作为观察团的结果对投资和回报进行一定的影响。

电脑随机分配了你的角色，你将和其他7个人一起组队继续该游戏

你的角色为：观察者C

第一轮投资

开始时：投资人A有10个金币，信托人有0个金币，观察者C有10个金币。

投资过程与结果：

1. 投资阶段：投资人A给信托人10个金币。

2. 回报阶段：信托人给投资人A 0个金币。

结束时金币拥有情况：投资人A 0个，信托人30个，观察者C 10个。

观察者任务1：

任务1的答案不会与其他观察者的答案进行平均。

1. 你认为在本轮游戏中，信托人应该给投资人A回报多少金币才是公平

　　0　　　10　　　15　　　20

2. 根据观察投资结果后的情绪，给出下列感觉的强度值（1~100）

（1）受挫程度

（2）苦恼程度

（3）被激怒程度

观察者任务2：

任务二的回答会与其他观察者的回答进行平均，现在你可以对信托人进

行惩罚，这不需要你付出金币（或者你需要付出一定的金币，两种模式随机出现。）

下面是两种惩罚方式

1. 金币惩罚

你可以任意减少信托人的金币（当然是在 0～30 之间），以作为对信托人在游戏中的欺骗行为的惩罚。

你对信托人的金币惩罚数（0～30）

2. 信用惩罚

你不需要金币损失，就可以对信托人进行信誉评价，你可以用 1（很没有信用）到 7（很有用）给信托人评价，这个评价信托人和其他投资人都可以看到。

信誉评价（1～7）：1 2 3 4 5 6 7

3. 如果只能选择一种惩罚方式，你更愿意选择那种

请选择：1. 金币惩罚   2. 信用惩罚

观察者任务 3：

任务 3 的回答不会与其他观察者的回答进行平均。

完成下列问题

你认为：

1. 这个惩罚方式对信托人的约束作用有多大？（1~100）

2. 这个惩罚方式对整个投资回报的作用有多大？（1~100）

3. 您的行为对整个组织的公平有多大的促进作用（1~100）

观察者任务 4：

任务 4 的回答不会与其他观察者的回答进行平均。

1. 在行使完惩罚权利后，你的情绪强烈程度（1~100）

（1）受挫程度

（2）苦恼程度

（3）被激怒的程度

2. 负性情绪释放问卷，共有两道题，从 1 到 100 计分

(1) 行使惩罚权利之后，你的情绪有多大程度的释放

程度值

(2) 总的来说你的感觉好了几分

分数值

第二轮投资：

开始时：投资人 B 有 10 个金币，信托人有 0 个金币，观察者 C 有 10 个金币。

投资过程与结果：

1. 投资阶段：投资人 B 给信托人 0 个金币

2. 回报阶段：信托人给投资人 B0 个金币

结束时金币拥有情况：投资人 B10 个，信托人 0 个，观察者 C10 个。

非常感谢参与这个游戏，作为回报，你将获得一定的金币。

附录五 实验6截图

网络提醒内容的内容分析
自变量1　是否有机会发网络提醒
　　　　　有机会　　　　无机会
自变量2　网络提醒内容是否有效
　　　　　有效　　　　　无效

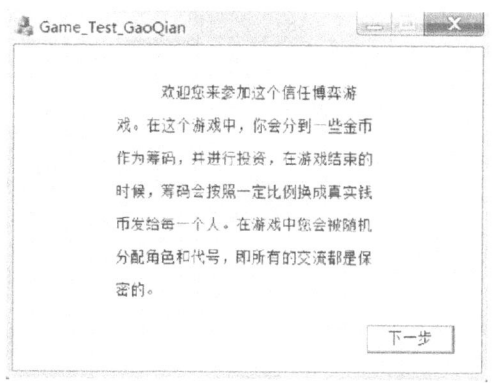

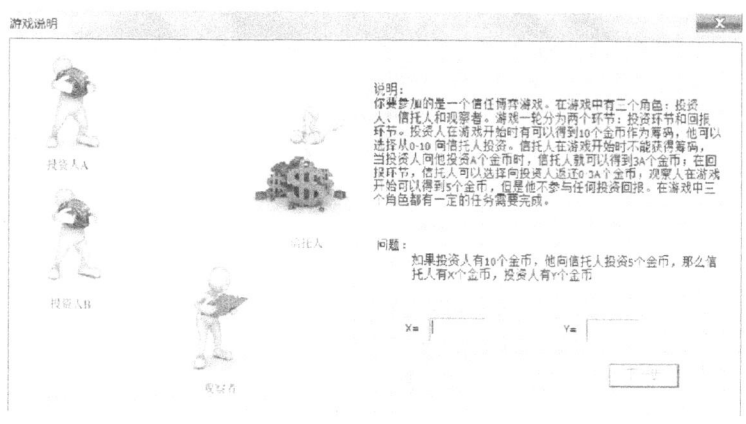

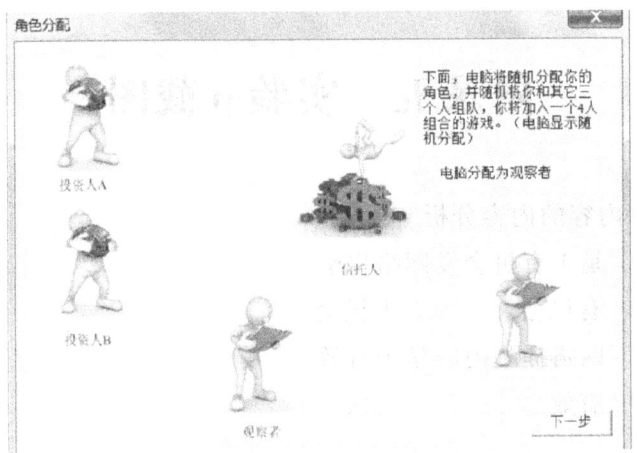

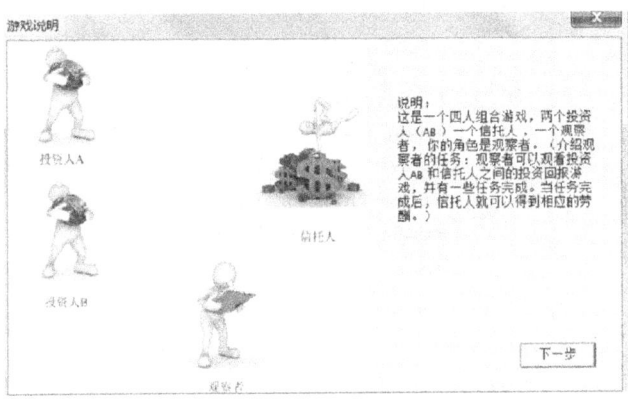

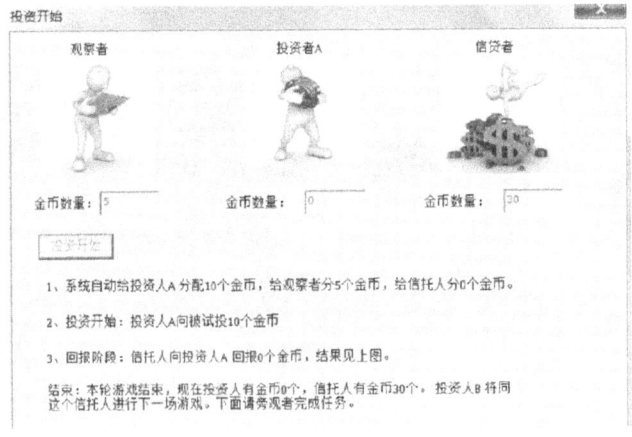

任务一

旁观者任务一：

请你思考后回答：

1. 你认为在本轮游戏中，信托人应该给投资人A回报多少金币才是公平的？
   - ○ A、0
   - ○ C、15(所有金币的1/2)
   - ○ B、10 (所有金币的1/3)
   - ○ D、20(所有金币的2/3)

2. 请你体察自己观看上个投资结果后的情绪，并对如下情绪从1感觉很微弱到100感觉非常强烈进行评分

   1、受挫折程度　　分数：[　　]

   2、苦恼程度　　　分数：[　　]

   3、被激怒程度　　分数：[　　]

任务二

旁观者任务二：

请你思考后回答：

1、你现在有一个机会可以给投资人B发送网络提醒对他进行交流（以小纸条的形式发出）。投资人B和信托人都不知道你有这项权限，游戏结束后，你们也会分别领取劳酬，你发纸条与否片不会被他们发现。

问题：你是否愿意给投资人B发网络提醒

　　　　● 是　　　　○ 否

2、请你将下面的一段话抄下来发给投资人：

游戏规则：你可以选择从0-10向信托人投资。信托人在游戏开始时不能获得赠码，当你向他投资A个金币时，信托人就可以得到3A个金币；在回报环节，信托人可以选择同你返还0-3A个金币

发送消息

任务三

旁观者任务三：

请你思考后回答：

1. 请你体察自己观看上个投资结果后的情绪，并对如下情绪从1感觉很微弱到100感觉非常强烈进行评分。

   a、受挫折程度　　分数：[1]

   b、苦恼程度　　　分数：[　]

   c、被激怒程度　　分数：[1]

2. 负性情绪释放问卷，共有两道题目：（从1到100计分）

   (1) 在你传递完纸条之后，你的情绪有多大程度上的释放？

   　　分数：[　]

   (2) 总的来说，在传递完纸条之后，你的感觉好了几分？

   　　分数：[11]

3. 你觉得你的纸条在多大程度上会影响下一个投资者呢？（从1-100分量表）

   　　分数：[1]

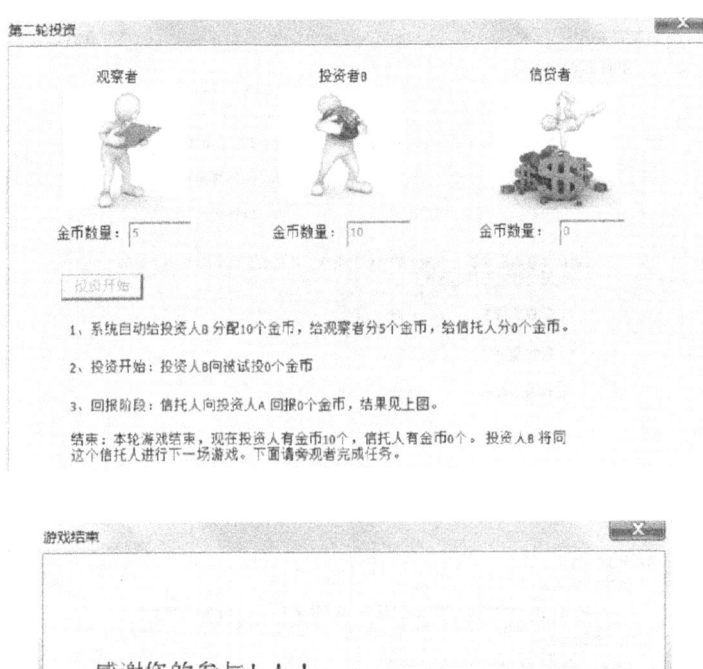

在实验中,当被试选择"是"之后,会自动弹出一个对话框,被试可以填写任意他想对下一个投资人所说的话。写完之后点击发送,界面会显示"发送成功",然后点击进行下一步。

附录六　被试问卷

您好，我们是来自国家网络心理重点实验室的研究人员。我们正在进行一项关于网络助人和人格特点之间关系的研究项目，急需您的帮助。非常感谢您的参与和配合，谢谢！

请您如实地认真回答。所有答案无所谓对错，也无所谓好坏，全部答卷将输入计算机处理统计全班情况，不涉及个人回答。

请您在准备好后开始填写问卷，并完成相应的行为实验。

学　　　号：_____　　手机号码：_____
性　　　别：□男　□女　　年　　龄：_____　　网　龄：_____个月
年　　　级：□大一　　□大二　　□大三　　□大四
　　　　　　□研一　　□研二　　□研三　　□其他
生 源 地：□城市　　□城镇　　□农村
专　　　业：□文科　　□理科　　□工科
父亲教育：□高中及以下　□大专　　□本科　　□研究生
母亲教育：□高中及以下　□大专　　□本科　　□研究生

一、第一部分（特质移情量表）

指导语：你好！下面共有33个题目，请用下列等级指出你对以下每个问题的赞成或反对程度，即与你个人的符合程度，并在每一问题后相应的数字上划勾。

+4 = 绝对赞成　　+3 = 非常赞成　　+2 = 比较赞成　　+1 = 勉强赞成
0 = 既不赞成也不反对
−1 = 勉强反对　　−2 = 比较反对　　−3 = 非常反对　　−4 = 绝对反对

题目	绝对反对	非常反对	比较反对	勉强反对	既不赞成也不反对	勉强赞成	比较赞成	非常赞成	绝对赞成
1. 看到人群中孤独的陌生人，我感到心情沉重	−4	−3	−2	−1	0	+1	+2	+3	+4
2. 我觉得公开的显露情感会使人感到厌烦	−4	−3	−2	−1	0	+1	+2	+3	+4
3. 如果我身边的人看起来紧张，我也会变得紧张	−4	−3	−2	−1	0	+1	+2	+3	+4
4. 我认为如果人们大声喊出他们的快乐，那样做很无聊	−4	−3	−2	−1	0	+1	+2	+3	+4
5. 当朋友遇到困难时，我总是安慰他（她）	−4	−3	−2	−1	0	+1	+2	+3	+4
6. 有时，我会被一首情歌的歌词深深感动	−4	−3	−2	−1	0	+1	+2	+3	+4
7. 当我给他人带去坏消息时，我的情感会随之失去控制	−4	−3	−2	−1	0	+1	+2	+3	+4
8. 我身边的人，对我心境影响很大	−4	−3	−2	−1	0	+1	+2	+3	+4
9. 我不会仅仅因朋友表现出不安，自己也跟着感到不安	−4	−3	−2	−1	0	+1	+2	+3	+4
10. 我喜欢看别人打开礼物	−4	−3	−2	−1	0	+1	+2	+3	+4
11. 孤独的人很可能不够友好	−4	−3	−2	−1	0	+1	+2	+3	+4
12. 看着别人哭泣，我会感到不安	−4	−3	−2	−1	0	+1	+2	+3	+4
13. 有些歌曲能让我快乐	−4	−3	−2	−1	0	+1	+2	+3	+4
14. 我真的会陷入到小说里一些人物的情感世界	−4	−3	−2	−1	0	+1	+2	+3	+4
15. 看到有人被虐待，我会很气愤	−4	−3	−2	−1	0	+1	+2	+3	+4
16. 即使周围的人都感到担心，我也能保持冷静	−4	−3	−2	−1	0	+1	+2	+3	+4
17. 当朋友向我倾诉烦恼时，我会试图转移话题谈些其他的事	−4	−3	−2	−1	0	+1	+2	+3	+4

题目	绝对反对	非常反对	比较反对	勉强反对	既也不不赞反成对	勉强赞成	比较赞成	非常赞成	绝对赞成
18. 别人的笑声不能吸引我	-4	-3	-2	-1	0	+1	+2	+3	+4
19. 有时在电影院，周围人的哭声与抽泣声让我想笑	-4	-3	-2	-1	0	+1	+2	+3	+4
20. 我能够不受别人情感的影响而做出决定	-4	-3	-2	-1	0	+1	+2	+3	+4
21. 如果我身边有人消沉的话，我也会不好受	-4	-3	-2	-1	0	+1	+2	+3	+4
22. 我真的不明白，为什么一些事情竟能让有的人感到那么不安	-4	-3	-2	-1	0	+1	+2	+3	+4
23. 当看到一只小动物遭受痛苦，我会很难过	-4	-3	-2	-1	0	+1	+2	+3	+4
24. 把自己的情感卷入到书中或电影情节中似乎有点傻	-4	-3	-2	-1	0	+1	+2	+3	+4
25. 看到无助的老人会使我很难过	-4	-3	-2	-1	0	+1	+2	+3	+4
26. 当我看到一个人哭泣时，更多的是受到刺激而不是同情	-4	-3	-2	-1	0	+1	+2	+3	+4
27. 看电影时，我会很投入	-4	-3	-2	-1	0	+1	+2	+3	+4
28. 我发现尽管我身边充满激情与骚动，我也会保持冷静	-4	-3	-2	-1	0	+1	+2	+3	+4

二、第二部分（社会价值取向量表）

指导语：假设您与他人被分配在同一部门实习，部门领导给你们分配了一项任务，现在有三种任务完成方案A、B、C，各方案中您和他人的收益分配都不同（见表中数字）。请您在以下12种决策情景中做出决策：在每个情景中您选择哪个方案，就在相应方案前的□上打勾。

情景一

	自己收益	他人收益
☐A方案	50	20
☐B方案	40	0
☐C方案	40	40

情景二

	自己收益	他人收益
☐A方案	60	0
☐B方案	70	25
☐C方案	55	55

情景三

	自己收益	他人收益
☐A方案	30	30
☐B方案	35	15
☐C方案	30	5

情境四

	自己收益	他人收益
☐A方案	50	50
☐B方案	50	10
☐C方案	60	30

情景五

	自己收益	他人收益
☐A方案	60	10
☐B方案	70	30
☐C方案	60	60

情境六

	自己收益	他人收益
☐ A方案	75	10
☐ B方案	75	75
☐ C方案	85	35

情境七

	自己收益	他人收益
☐ A方案	45	20
☐ B方案	35	35
☐ C方案	45	0

情境八

	自己收益	他人收益
☐ A方案	70	70
☐ B方案	80	40
☐ C方案	70	10

情境九

	自己收益	他人收益
☐ A方案	80	10
☐ B方案	80	80
☐ C方案	90	50

情景十

	自己收益	他人收益
☐ A方案	60	25
☐ B方案	55	5
☐ C方案	50	50

情景十一

	自己收益	他人收益
□A方案	40	40
□B方案	40	0
□C方案	50	15

情景十二

	自己收益	他人收益
□A方案	40	10
□B方案	30	30
□C方案	30	0

三、第三部分（大五人格中的和善性）

指导语：请依照您感受的程度，对每题进行判断，并在该题后的相应数字上划勾，谢谢！

题 目	非常同意	同意	无意见	不同意	非常不同意
1. 我试着有礼貌地对待遇到的每个人	1	2	3	4	5
2. 我常跟家人或同事起争执	1	2	3	4	5
3. 有些人认为我自私和自负	1	2	3	4	5
4. 我宁愿与他人合作，胜过与他人竞争	1	2	3	4	5
5. 我有挖苦和怀疑他人意图的倾向	1	2	3	4	5
6. 我认识的大部分人都喜欢我	1	2	3	4	5
7. 有些人认为我很冷漠、精于算计	1	2	3	4	5
8. 我通常试着细心与体贴	1	2	3	4	5
9. 假如必要的话，我愿意操纵别人，以达成我的目的	1	2	3	4	5

四、第四部分（利他惩罚行为倾向）

假设你现在是校园网使用的管理员。校园网举行网时回馈活动，免费赠送网时。小组中的每个成员都将免费获得一张 30 小时的校园网网卡。并招募成员参加抽奖活动，被抽中的人共同组成一个小组，网络中心鼓励小组用户转移自己的网时到公共电子充值账户中为小组共有，公共电子充值账户接受转账即刻升值，将使小组公共网时增加一倍。增值后的公共网时将会平均分配到每个小组成员的个人网卡充值账户里。作为管理员，你可以看到所有的人的充值情况。

同样管理员有一项权限，可以向对公共账户充值最少的人进行惩罚。管理员共有五个层次的惩罚权限：分别使充值最少的人的网时减少 1/5；2/5；3/5；4/5；1。

下面请回答两个问题：

1. 如果你是网络中心的管理员，你会对充值最少的人采取惩罚么？
   （□是　□否）

2. 你的惩罚程度是多少？（□1/5　□2/5　□3/5　□4/5　□1）

后 记

1.01 和 0.99 的故事

每当想起毕业要写一篇庞大的论文，我就内心恐慌，不敢动笔，于是，我就每天在工作室看着其他同事看文献、想思路、为设计郁闷、为数据忧愁……有时候我就想，其实他们每天也没写多少，我也没有落下多少，就继续这样拖着。一直等到拖得不能再拖的时候，才开始慌张地动笔。尽管人很懒惰，可是我有一个宏图大志，就是想写一篇优秀的博士论文！于是，很长一段时间里，我就被这个不切实际的高要求和我实际的半瓶子醋水平折磨得痛苦不堪，一直在这种极其痛苦的状态下写开题，设计实验，收集数据……然后，我发现自己怀孕了。要感谢我未出生的宝宝，他给我一点点停下来思考的时间，我从每天狂想着一定要写出什么样的论文和每天极其低下的效率中解脱出来，每天能有一个小时的时间松一口气。这时候，我看到了这个公式：1.01 的 365 次方等于 37.78；0.99 的 365 次方等于 0.0255。这就是说，每天努力一点点和每天懒惰一点点，可能对于每一天来说，只是 0.01。可是当日积月累，时间过去一年的时候，差别真的真的很大。而我空有一颗宏大的心，每天不看文献，不踏实地工作，最后我只能是那个可怜的 0.0255。而我工作室的同仁们，每一个人都可以是那个 37.78。更不要说这只是一年的时间，如果是两年、三年呢，还是我现在的实际情况——四年。

所以，感谢能够给我机会读博的心理学院，是您用您那博大的胸怀，包容了我这个焦躁的学生；感谢我的博士导师马红宇老师，是您孜孜不倦地教

后 记

会了我在生活中坚强，在学习中坚韧，在处事中坚持，是您一点一滴地教化我，让我顺利度过人生的转型期；同样感谢我的硕士导师佐斌老师，是您教会了我把心理学应用于生活，您的乐观积极的态度和勤奋的学习精神时刻激励着我；感谢刘华山老师、周宗奎老师、郭永玉老师、周治金老师、江光荣老师等，你们的严谨的治学态度，一直引导着我更加努力。感谢刘勤学老师、师兄唐汉瑛老师、王福兴老师、田媛老师……还有许多暂时叫不上名字的青年老师们，感谢你们不厌其烦地对我的研究设计提出修改意见；感谢已经毕业的李斌和老魏，我不会忘记我们共同奋斗的时光；同样，714的兄弟姐妹们——小勇、晓新、黄璐、腾飞、传刚、孙山、舒首立、卉姐、永欣、晨艳、娟娟，难忘一起度过的时光，还有我的师弟师妹们，你们牺牲了个人的时间，帮我做实验助手，录入数据，整理材料，没有你们的大力支持，就没有这篇稿件。同样，感谢我的家人官成钢先生，共同读博的日子，相互支持相互依靠，感谢我未出生的宝宝，能让我有机会体会这 1.01 和 0.99 的精妙。

读博期间的艰辛，一方面，在于研究的选题，文献的梳理，研究设计的巧妙要求，实验过程的细致和写作过程的漫长；另一方面，在于随着年龄增加，随之而来的选择诱惑的增加，心思的浮躁，生活的压力，未知的迷茫和弥散的惰性。我想，随着时光的流逝，这些研究方法我可能会渐渐淡忘，但是，读博过程中的奋斗的精神、坚持的过程和对未来生活的思索，将会指引我的一生，感谢这段难忘的时光。

我想，可能过去我一直过着 0.99 的日子，但是未来，我会努力让每天都有 1.01 的收获。